はじめに

三木　俊一

このドリル集は、文章題の基本の型がよく分かるように作られています。「ぶんしょうだい」と聞くと、「むずかしい」と反応しがちですが、文章題の基本の型は、決して難しいものではありません。基本の型はシンプルで易しいものです。

文章題に取り組むときは以下のようにしてみましょう。

① 問題文を何回も読んで覚えること
② 立式に必要な数を見分けること
③ 何をたずねているかがわかること

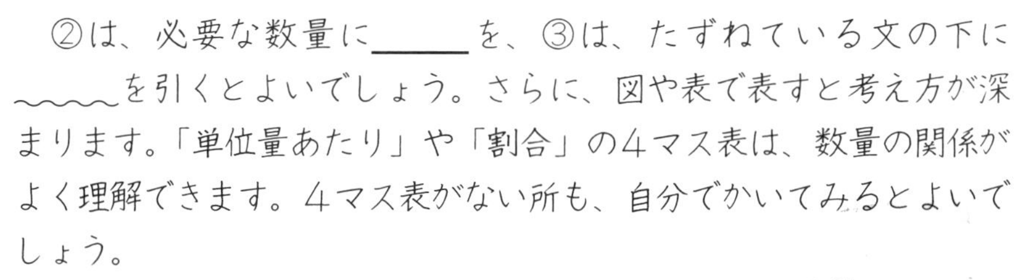

②は、必要な数量に＿＿＿を、③は、たずねている文の下に〰〰〰を引くとよいでしょう。さらに、図や表で表すと考え方が深まります。「単位量あたり」や「割合」の４マス表は、数量の関係がよく理解できます。４マス表がない所も、自分でかいてみるとよいでしょう。

（例）北本さんは、たっ球の40試合で23勝しました。勝率（しょうりつ）を求め、歩合（ぶあい）で表しましょう。

?	23
1	40

23÷40＝0.575

答え　5割（わり）7

5分間ドリルのやり方

1．1日5分集中しよう。
　短い時間なので、いやになりません。

2．毎日続けよう。
　家庭学習の習慣が身につきます。

3．基本問題をくり返しやろう。
　やさしい問題を学習していくことで、基礎学力が身につき、読解力も向上します。

もくじ

1 小数のかけ算 ①

月　日

1　1本の重さが1.2kgの鉄のパイプがあります。このパイプ8本分の重さは何kgですか。

1本　1.2kg

小数点をつけるのをわすれないでね。

1.2 × 8 =

うすく書いてある数字はなぞってね。

答え　　kg

2　1この重さが5.4kgのボウリングのボールがあります。このボール5こ分の重さは何kgですか。

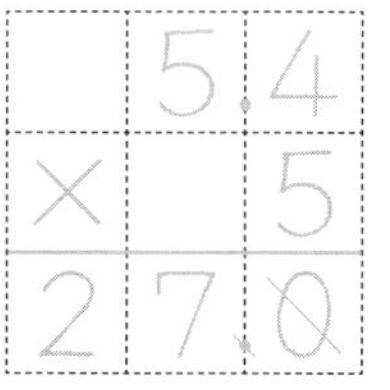

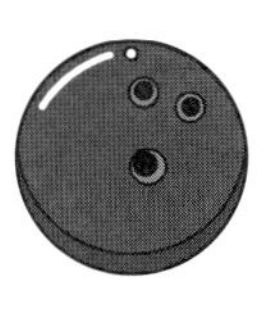

0をけして、小数点もけすよ。

答え　　kg

2 小数のかけ算 ②

月　日

1　水を4.2Lずつ、12個のポリタンクに入れます。ポリタンク12個分の水は何Lですか。

	4.	2
×	1	2
	8	4
4	2	

□ × □ ＝ □

答え　　　　L

2　水を3.5Lずつ、24個のポリタンクに入れます。ポリタンク24個分の水は何Lですか。

□ × □ ＝ □

答え　　　　L

3 小数のかけ算 ③

月　日

1　たてが8m、横が4.6mの長方形の花だんがあります。この花だんの面積は何m²ですか。

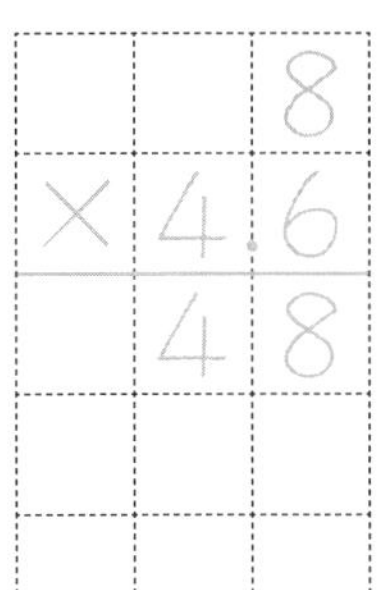

答え　m²

2　たてが12m、横が8.3mの長方形の畑があります。この畑の面積は何m²ですか。

□ × □ = □

答え　m²

4 小数のかけ算 ④

月　日

1　たてが25m、横が8.4mの長方形のさつまいも畑があります。この畑の面積は何m²ですか。

答え　　　　m²

2　たてが30m、横が9.5mの長方形のじゃがいも畑があります。この畑の面積は何m²ですか。

答え　　　　m²

5 小数のかけ算 ⑤

月　日

1　１mが65円のリボンがあります。このリボン3.8mの代金は何円ですか。

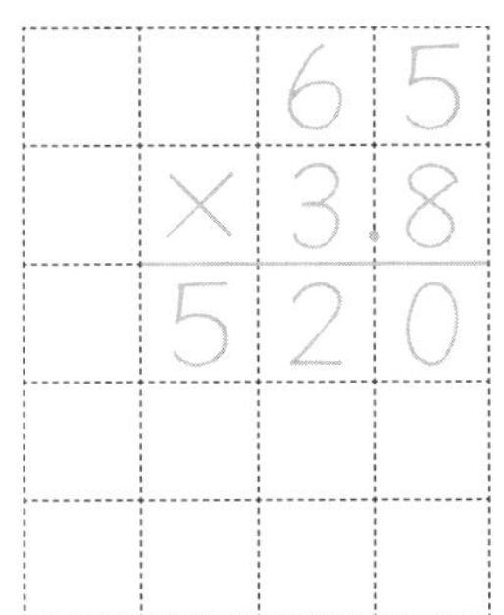

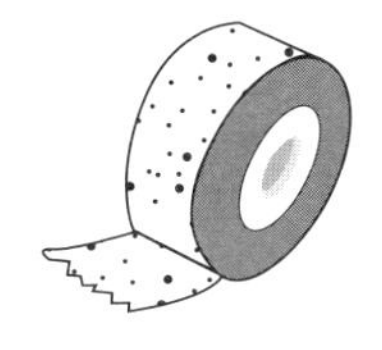

□ × □ ＝ □

答え　　　　円

2　１mが80円のリボンがあります。このリボン4.5mの代金は何円ですか。

□ × □ ＝ □

答え　　　　円

6 小数のかけ算 ⑥

月　日

1　1mの重さが1.4kgの鉄のパイプがあります。このパイプ0.6mの重さは何kgですか。

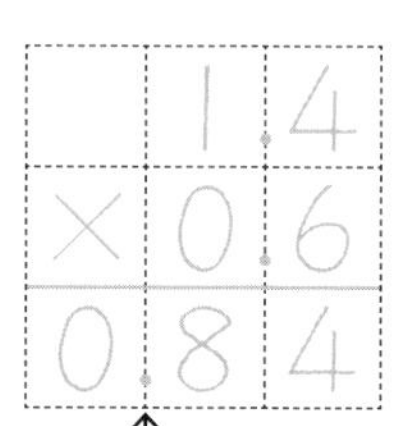

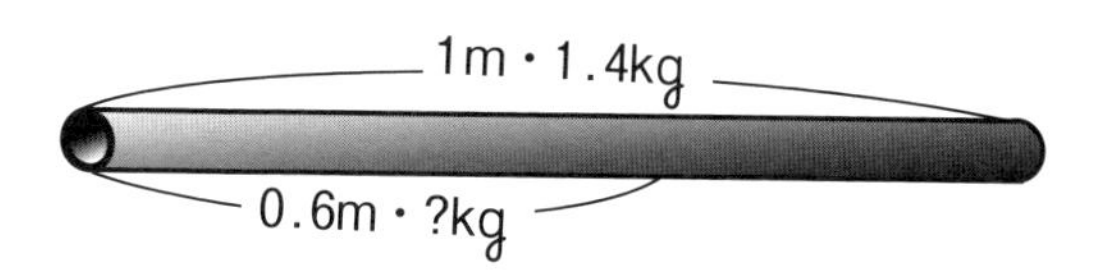

答え　　　kg

2　1mの重さが1.5kgのはり金があります。このはり金0.6mの重さは何kgですか。

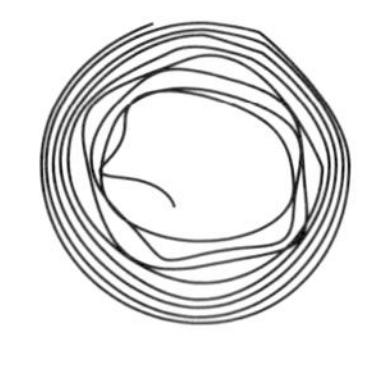

答え　　　kg

7 小数のかけ算 ⑦

月　日

1　1Lの重さが1.3kgの食塩水があります。この食塩水0.8Lの重さは何kgですか。

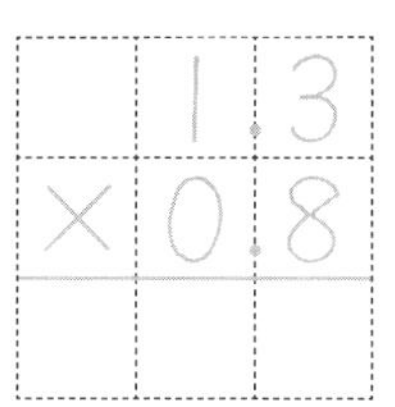

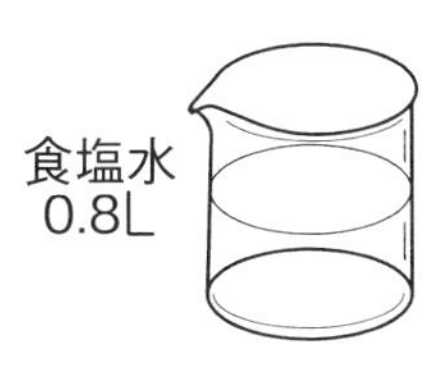

□ × 0.8 = □

答え　　　kg

2　たてが0.8m、横が3.8mの長方形の花だんがあります。この花だんの面積は何m^2ですか。

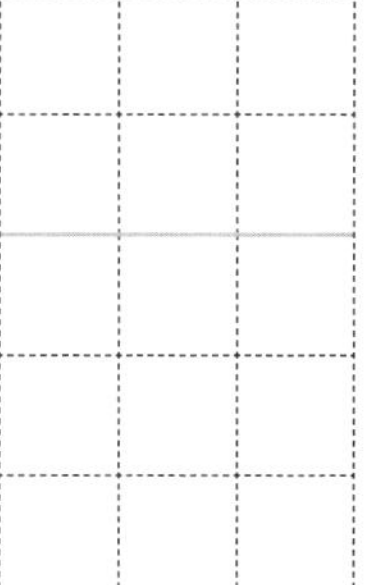

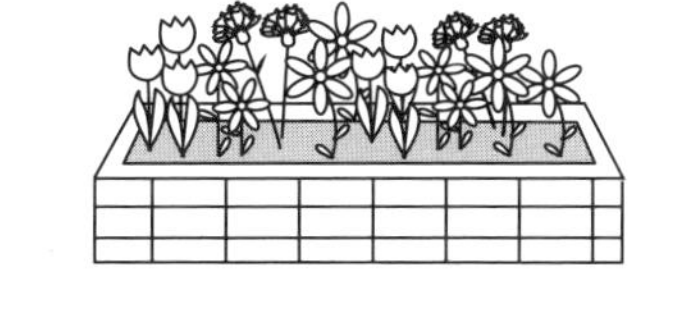

□ × □ = □

答え　　　m^2

8 小数のかけ算 ⑧

月　日

1　たてが3.5m、横が1.8mの長方形の野菜畑があります。この野菜畑の面積は何m²ですか。

	3.	5
×	1.	8
2	8	0
3	5	
6.	3	0

3.5 × □ = □

答え　　　m²

2　たてが1.8m、横が4.5mの長方形のひまわり畑があります。このひまわり畑の面積は何m²ですか。

□ × □ = □

答え　　　m²

9 小数のかけ算 ⑨

月　日

1　たてが2.4mで、横が3.5mの長方形の大豆（だいず）の畑があります。この畑の面積は何m^2ですか。

□ × □ = □

答え　　　　m^2

2　たてが2.8mで、横が3.2mの長方形のとうもろこしの畑があります。この畑の面積は何m^2ですか。

□ × □ = □

答え　　　　m^2

月　日

1　7.2mのロープがあります。このロープを3等分すると、1本の長さは何mですか。

7.2m

? m　? m　? m

7.2 ÷ [ ] = [ ]

2.4
3)7.2
6
12
12
0

答え　　　m

2　7.2mのロープがあります。このロープを4等分すると、1本の長さは何mですか。

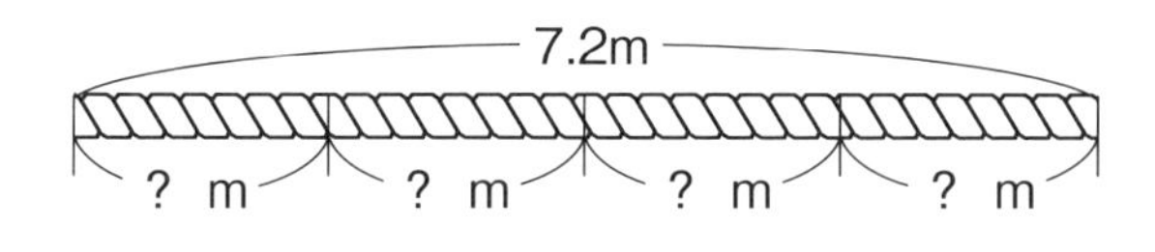

[ ] ÷ [ ] = [ ]

答え　　　m

11 小数のわり算 ②

月　日

1　9.5mのロープがあります。これを2mずつ切っていくと、何本とれて何mあまりますか。

	4	
2)	9.	5
	8	
	1.	5

9.5m
2m　2m　2m　2m　?m

あまりに小数点をつけるのをわすれないでね。

9.5 ÷ ＿＿ ＝ ＿＿ あまり… ＿＿

答え　　本とれて，あまり　　m

2　9.5mのロープがあります。これを3mずつ切っていくと、何本とれて何mあまりますか。

9.5m
3m　3m　3m　?

＿＿ ÷ ＿＿ ＝ ＿＿ あまり… ＿＿

答え　　本とれて，あまり　　m

12 小数のわり算 ③

月　日

1　7mのリボンがあります。これを0.5mずつ切っていきます。0.5mのリボンは何本とれますか。

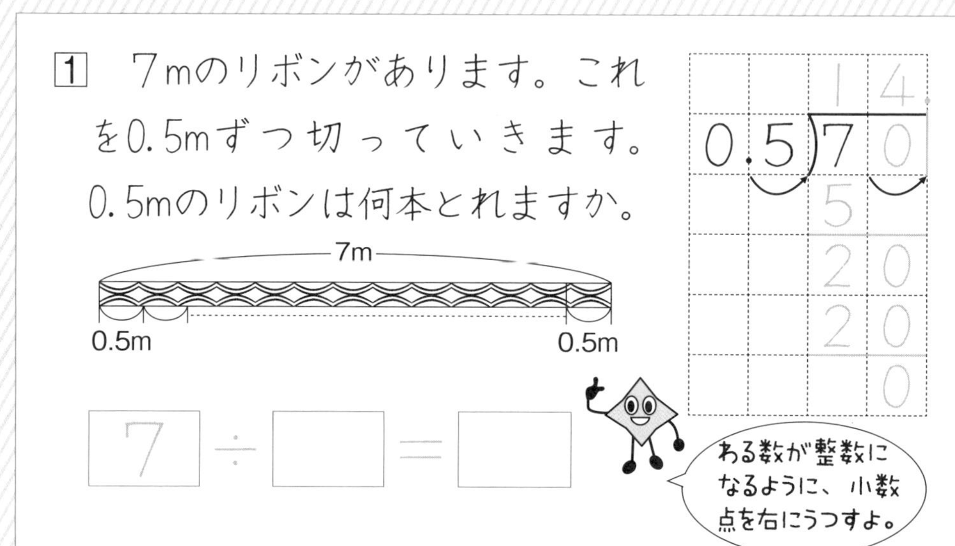

7 ÷ ＿＿ = ＿＿

答え　　　本

2　6mのリボンがあります。これを0.5mずつ切っていきます。0.5mのリボンは何本とれますか。

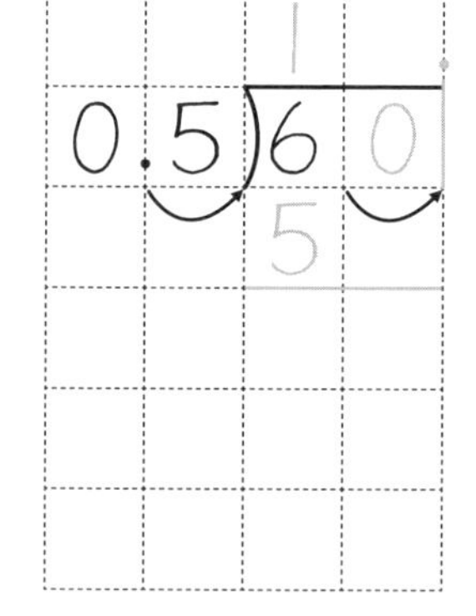

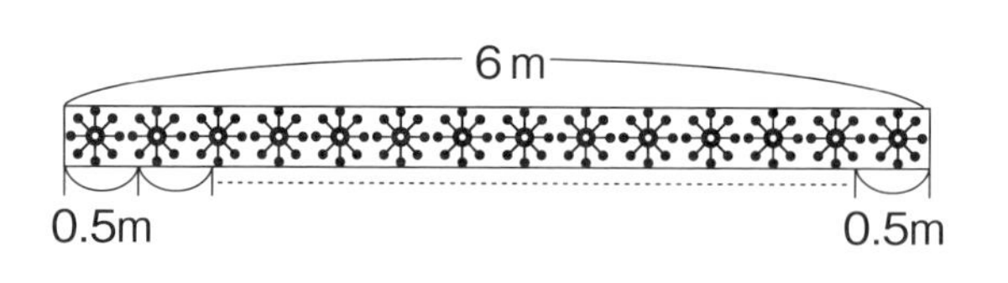

＿＿ ÷ ＿＿ = ＿＿

答え　　　本

13 小数のわり算 ④

月　日

1　8mのリボンがあります。これを0.5mずつ切っていきます。0.5mのリボンは何本とれますか。

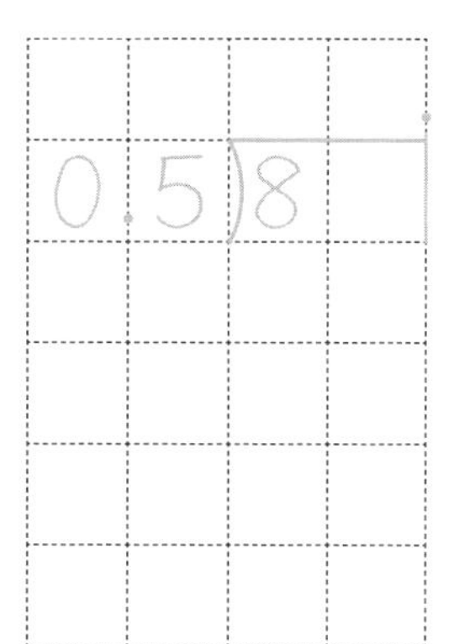

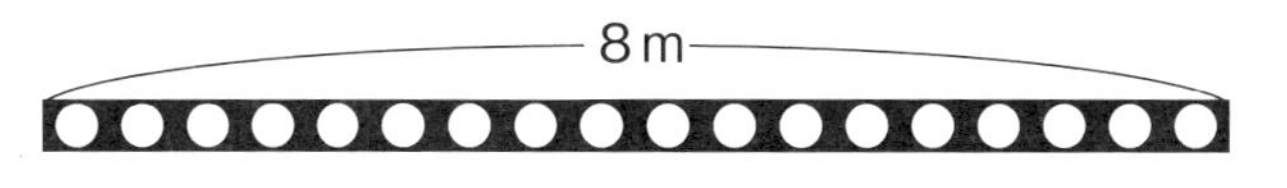

□ ÷ □ ＝ □

答え　　　本

2　9mのリボンがあります。これを0.6mずつ切っていきます。0.6mのリボンは何本とれますか。

□ ÷ □ ＝ □

答え　　　本

14 小数のわり算 ⑤

月　日

1 2.5mの鉄のパイプの重さは、10kgです。この鉄のパイプ1mの重さは何kgですか。

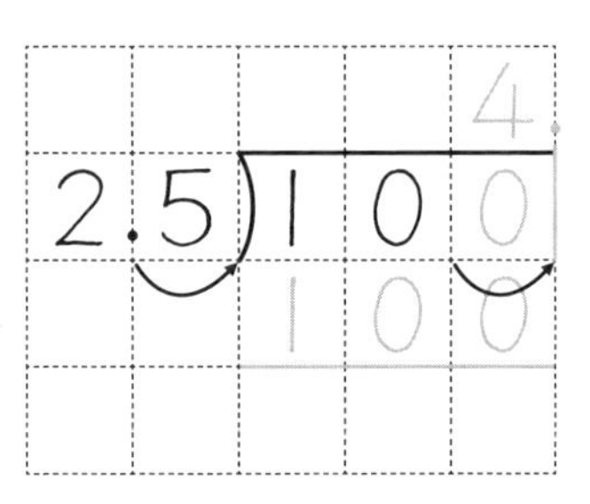

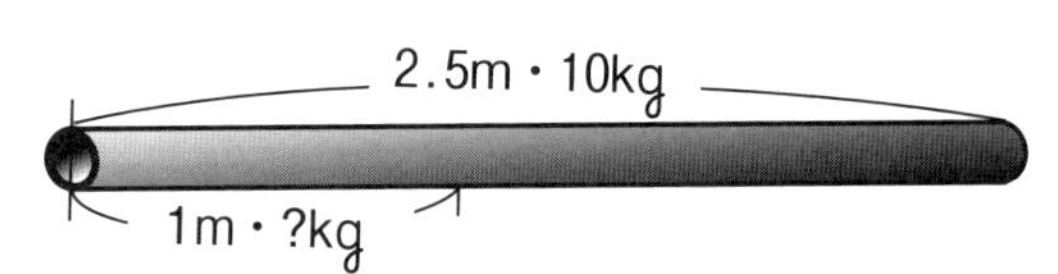

10 ÷ □ = □

答え　　　kg

2 2.4mの鉄のパイプの重さは、12kgです。この鉄のパイプ1mの重さは何kgですか。

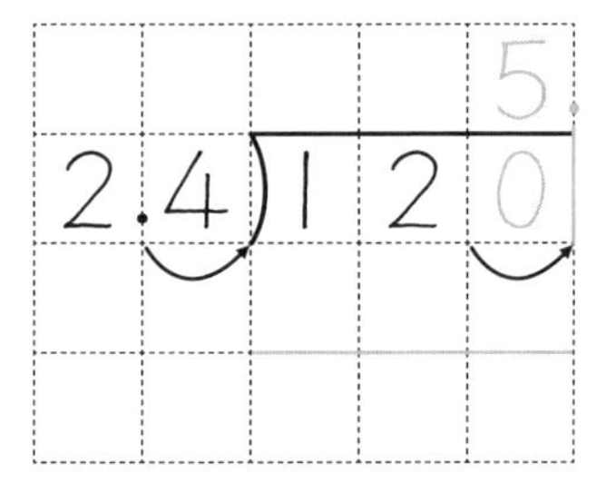

2.4m・12kg

1m・?kg

□ ÷ □ = □

答え　　　kg

15 小数のわり算 ⑥

月　日

1　1.4Lのペンキで、35mの線が引けます。ペンキ1Lなら何mの線が引けますか。

□ ÷ 1.4 = □

答え　　m

2　しょうゆが27Lあります。これを1.8Lずつ、ペットボトルに入れていくと、何本できますか。

しょうゆ
1.8L

□ ÷ □ = □

答え　　本

16 小数のわり算 ⑦

月　日

1　ジュースが13.5Lあります。これを0.5Lずつびんに入れます。0.5L入りのびんは、何本できますか。

13.5 ÷ 0.5 = □

答え　　　　本

2　牛にゅうが20.4Lあります。これを0.6Lずつびんに入れます。0.6L入りのびんは、何本できますか。

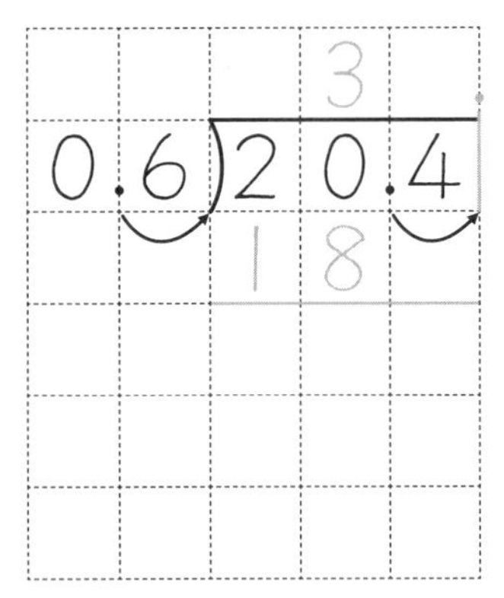

20.4 ÷ 0.6 = □

答え　　　　本

17 小数のわり算 ⑧

月　日

1　0.8Lのガソリンで、14.4km走る自動車は、ガソリン1Lで何km走りますか。

0.8)14.4

□ ÷ □ ＝ □

答え　　　km

2　0.9Lのガソリンで、17.1km走るスクーターは、ガソリン1Lで何km走りますか。

□  □  □

答え　　　km

18 小数のわり算 ⑨

月　日

1　長方形の畑があります。たては6.75mで、横は2.5mです。たての長さは、横の長さの何倍ですか。（電たく使用）

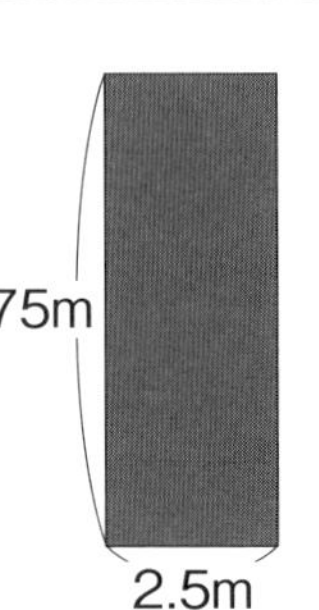

たて　　横　　倍

□ ÷ 2.5 ＝ □

答え　　　倍

2　赤いテープは9.52mです。赤いテープは、白いテープの3.4倍です。白いテープは何mですか。（電たく使用）

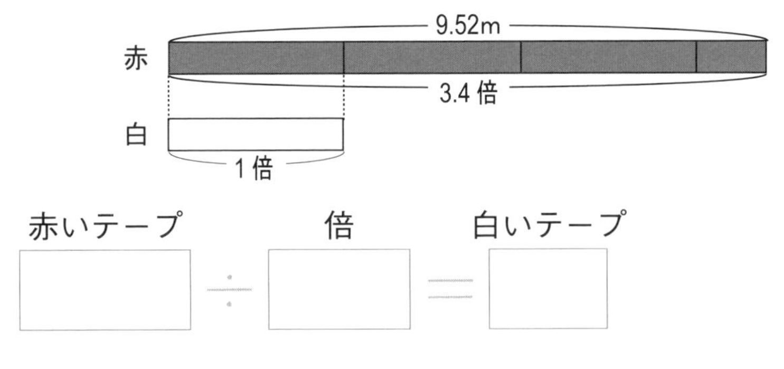

赤いテープ　　倍　　白いテープ

□ ÷ □ ＝ □

答え　　　m

月　日

1　ジュースが１本のびんに$\frac{3}{8}$L、もう１本に$\frac{1}{4}$L入っています。ジュースは合わせて何Lですか。

$$\frac{3}{8}+\frac{1}{4}=\frac{3}{8}+\frac{2}{8}$$

$$=\frac{\square}{8}$$

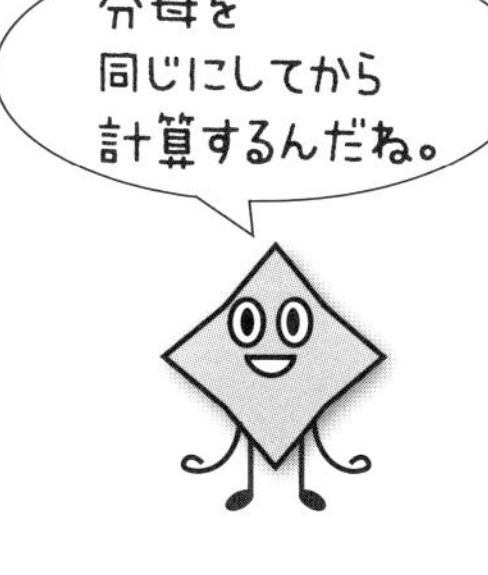

答え　　　L

2　牛にゅうが１パックに$\frac{3}{10}$L、もう１パックに$\frac{2}{5}$L入っています。牛にゅうは合わせて何Lですか。

$$\frac{3}{10}+\frac{2}{5}=\frac{\square}{10}+\frac{4}{10}$$

$$=\frac{\square}{10}$$

答え　　　L

月　日

1 いちごが１つの箱に$\frac{2}{3}$kg、もう１つに$\frac{1}{6}$kg入っています。いちごは合わせて何kgですか。

$$\frac{2}{3}+\frac{1}{6}=\frac{\square}{6}+\frac{\square}{6}$$

$$=\frac{\square}{6}$$

答え　$\frac{}{}$kg

2 赤いテープが$\frac{5}{9}$m、白いテープが$\frac{2}{3}$mあります。２本のテープをつなぐと何mですか。

$$\frac{5}{9}+\frac{2}{3}=\frac{\square}{9}+\frac{\square}{9}$$

$$=\frac{\square}{9}=1\frac{\square}{\square}$$

答え　$\frac{}{}$m

21 分数のたし算 ③

月　日

1　牛にゅうが１本のびんに$\frac{1}{3}$L、もう１本に$\frac{2}{5}$L入っています。牛にゅうは合わせて何Lですか。

$$\frac{1}{3}+\frac{2}{5}=\frac{5}{15}+\frac{6}{15}$$

$$=\frac{\square}{15}$$

答え　　　L

2　さくらんぼが１つの箱に$\frac{2}{5}$kg、もう１つに$\frac{1}{4}$kg入っています。さくらんぼは合わせて何kgですか。

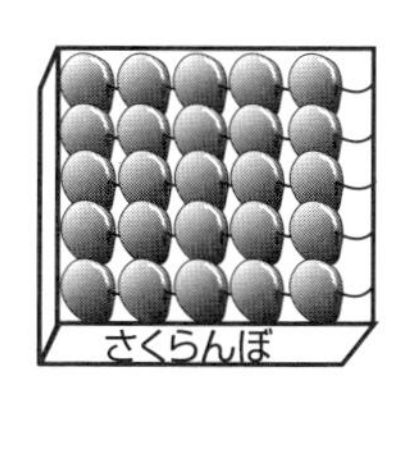

$$\frac{2}{5}+\frac{1}{4}=\frac{8}{20}+\frac{\square}{20}$$

$$=\frac{\square}{20}$$

答え　　　kg

月　日

1　麦茶が１本のびんに$\frac{3}{4}$L、もう１本に$\frac{1}{7}$L入っています。麦茶は合わせて何Lですか。

$$\frac{3}{4}+\frac{1}{7}=\frac{\square}{28}+\frac{\square}{\square}$$

$$=\frac{\square}{\square}$$

答え　　L

2　青いテープが$\frac{3}{5}$m、白いテープが$\frac{2}{3}$mあります。２本のテープをつなぐと何mですか。

$$\frac{3}{5}+\frac{2}{3}=\frac{\square}{15}+\frac{\square}{\square}$$

$$=\frac{\square}{15}=1\frac{\square}{15}$$

答え　　m

月　日

1 ジュースが１本のびんに$\frac{3}{4}$L、もう１本に$\frac{1}{6}$L入っています。ジュースは合わせて何Lですか。

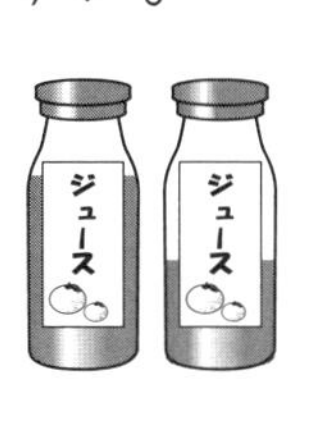

$$\frac{3}{4}+\frac{1}{6}=\frac{9}{12}+\frac{2}{12}$$

$$=\frac{11}{12}$$

答え　―L

2 はちみつが１つのつぼに$\frac{3}{10}$kg、もう１つに$\frac{7}{15}$kg入っています。はちみつは合わせて何kgですか。

$$\frac{3}{10}+\frac{7}{15}=\frac{9}{30}+\frac{\square}{\square}$$

$$=\frac{\square}{30}$$

答え　―kg

24 分数のたし算 ⑥

月　日

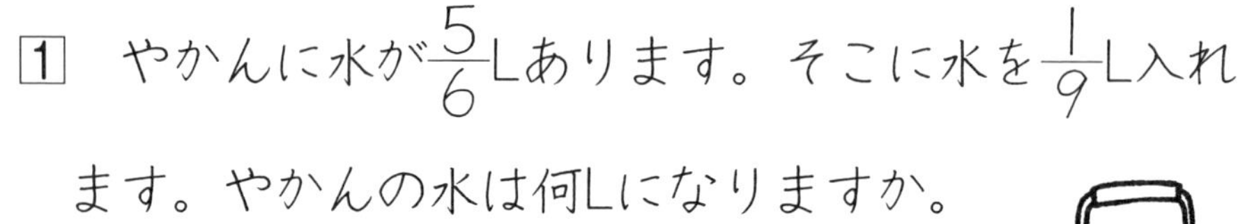

1 やかんに水が$\frac{5}{6}$Lあります。そこに水を$\frac{1}{9}$L入れます。やかんの水は何Lになりますか。

$$\frac{5}{6}+\frac{\square}{\square}=\frac{\square}{18}+\frac{\square}{\square}$$

$$=\frac{\square}{\square}$$

答え　＿＿L

2 長さが$\frac{3}{4}$mの板と、$\frac{7}{10}$mの板があります。2まいの板をつなぐと何mになりますか。

$$\frac{\square}{\square}+\frac{7}{10}=\frac{\square}{\square}+\frac{\square}{20}$$

$$=\frac{\square}{\square}=\square\frac{\square}{\square}$$

答え　＿＿m

25 分数のたし算 ⑦

月　日

1　くりを、わたしは$\frac{3}{10}$kg、妹は$\frac{1}{5}$kg拾いました。

くりは合わせて何kgですか。

$$\frac{3}{10}+\frac{1}{5}=\frac{3}{10}+\frac{2}{10}$$

$$=\frac{\overset{1}{\cancel{5}}}{\underset{2}{\cancel{10}}}=\frac{\square}{\square}$$

答え　―kg

2　しょうゆが1本のびんに$\frac{1}{6}$L、もう1本に$\frac{7}{12}$Lあります。しょうゆは合わせて何Lですか。

$$\frac{1}{6}+\frac{\square}{\square}=\frac{2}{\square}+\frac{\square}{\square}$$

$$=\frac{\square}{\square}=\frac{\square}{\square}$$

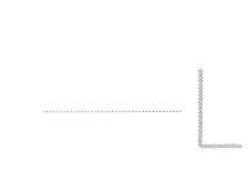

答え　―L

26 分数のたし算 ⑧

月　日

1　なべに水が$\frac{1}{6}$Lあります。そこへ$\frac{2}{15}$Lの水を入れると、水は合わせて何Lになりますか。

$\frac{1}{6}+\frac{2}{15}=\frac{5}{30}+\frac{\square}{30}$

$=\frac{\overset{3}{\cancel{9}}}{\underset{10}{\cancel{30}}}=\frac{\square}{\square}$

答え　—L

2　さとうが$\frac{1}{6}$kgあります。そこへ$\frac{9}{14}$kgのさとうを入れると、さとうは合わせて何kgになりますか。

$\frac{1}{6}+\frac{\square}{\square}=\frac{\square}{\square}+\frac{\square}{\square}$

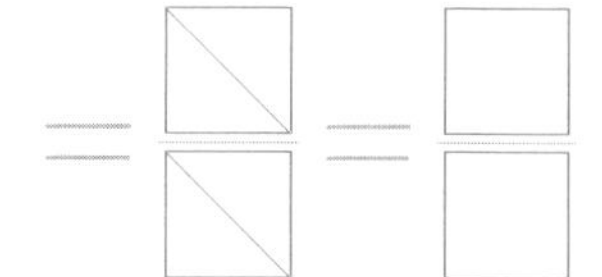

$=\frac{\square}{\square}=\frac{\square}{\square}$

答え　—kg

27 分数のひき算 ①

月　日

1 ジュースが$\frac{7}{8}$Lあります。$\frac{3}{4}$L飲みました。

ジュースは残り何Lですか。

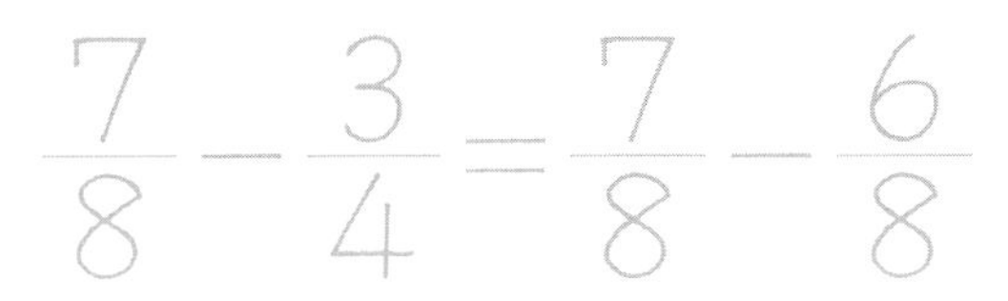

$$\frac{7}{8}-\frac{3}{4}=\frac{7}{8}-\frac{6}{8}$$

$$=\frac{\square}{8}$$

分母を同じにしてから計算するよ。

答え　$\frac{\quad}{\quad}$L

2 牛にゅうが$\frac{9}{10}$Lあります。$\frac{3}{5}$Lを料理で使いました。牛にゅうは残り何Lですか。

牛にゅう

$$\frac{9}{10}-\frac{\square}{\square}=\frac{\square}{\square}-\frac{6}{10}$$

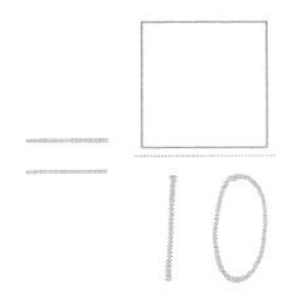

$$=\frac{\square}{10}$$

答え　$\frac{\quad}{\quad}$L

月　日

1　さくらんぼが$\frac{7}{9}$kgあります。$\frac{1}{3}$kg食べました。

さくらんぼは残り何kgですか。

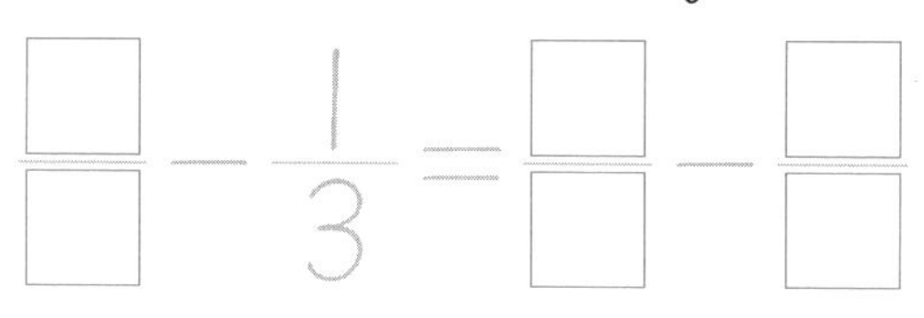

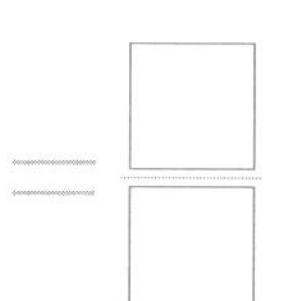

答え　　　kg

2　$1\frac{2}{9}$mのリボンがあります。$\frac{2}{3}$m使いました。

リボンは残り何mですか。

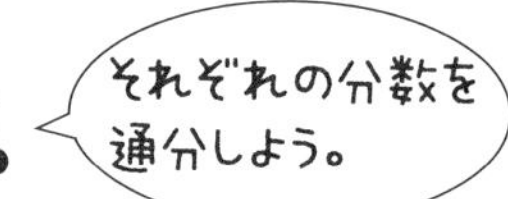

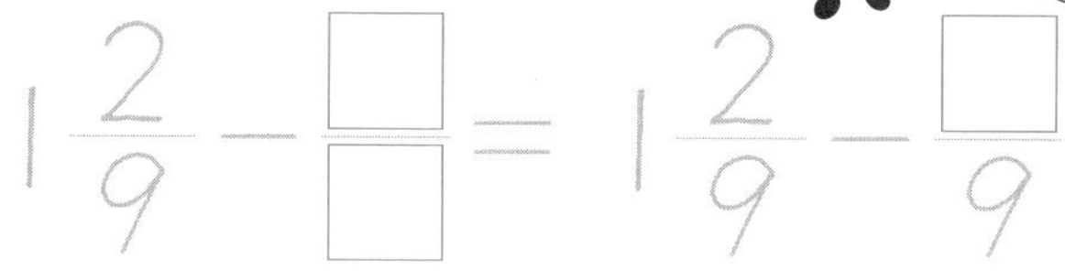

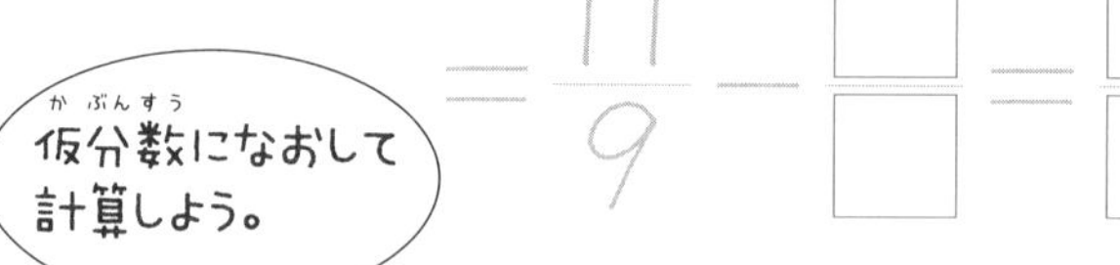

仮分数(かぶんすう)になおして
計算しよう。

答え　　　m

月　日

1　牛にゅうが$\frac{3}{4}$Lあります。$\frac{1}{3}$Lをコップに入れました。牛にゅうは残り何Lですか。

$\frac{3}{4}-\frac{1}{3}=\frac{9}{12}-\frac{4}{12}$

$=\frac{\square}{\square}$

答え　―L

2　さとうが$\frac{4}{5}$kgあります。塩は$\frac{2}{3}$kgあります。さとうと塩の重さのちがいは何kgですか。

$\frac{4}{5}-\frac{\square}{\square}=\frac{12}{15}-\frac{\square}{15}$

$=\frac{\square}{\square}$

答え　―kg

30 分数のひき算 ④

月　日

1　赤いテープは$\frac{4}{5}$mです。白いテープは$\frac{3}{4}$mです。

赤いテープの方が何m長いですか。

$$\frac{4}{5}-\frac{3}{4}=\frac{\square}{20}-\frac{\square}{20}$$

$$=\frac{\square}{\square}$$

答え　　m

2　$1\frac{1}{6}$mのリボンがあります。$\frac{3}{5}$m切り取りました。

リボンは残り何mですか。

$$1\frac{1}{6}-\frac{\square}{\square}=1\frac{5}{30}-\frac{\square}{30}$$

$$=\frac{35}{30}-\frac{\square}{30}=\frac{\square}{\square}$$

答え　　m

31 分数のひき算 ⑤

月　日

1 いちごジャムが$\frac{3}{4}$kgあります。そのうちの$\frac{1}{6}$kgを使いました。いちごジャムは残り何kgですか。

$$\frac{3}{4}-\frac{1}{6}=\frac{9}{12}-\frac{2}{12}$$

$$=\frac{\square}{\square}$$

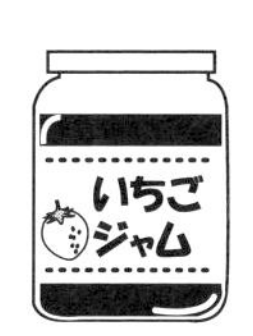

答え　kg

2 サラダ油が$\frac{4}{5}$kgあります。そのうちの$\frac{4}{15}$kgを使いました。サラダ油は残り何kgですか。

$$\frac{4}{5}-\frac{4}{15}=\frac{12}{15}-\frac{\square}{\square}$$

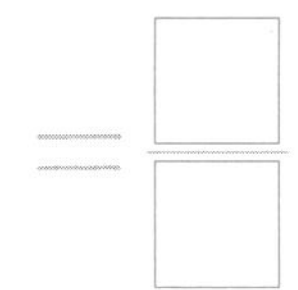

$$=\frac{\square}{\square}$$

答え　kg

月　日

1　ポットに水が$\frac{5}{6}$Lあります。そのうちの$\frac{2}{9}$Lをコップに入れました。ポットの水は残り何Lですか。

$$\frac{5}{6}-\frac{2}{\square}=\frac{\square}{18}-\frac{\square}{\square}$$

$$=\frac{\square}{\square}$$

答え　＿L

2　$1\frac{1}{4}$mのリボンがあります。$\frac{7}{10}$m切り取りました。リボンは残り何mですか。

$$1\frac{1}{4}-\frac{7}{10}=1\frac{\square}{20}-\frac{\square}{\square}$$

$$=\frac{\square}{\square}-\frac{\square}{\square}=\frac{\square}{\square}$$

答え　＿m

33 

月　日

1 お茶が$\frac{5}{6}$Lあります。そのうちの$\frac{1}{3}$Lを飲みました。お茶は残り何Lですか。

$$\frac{5}{6}-\frac{1}{3}=\frac{5}{6}-\frac{2}{6}$$

$$=\frac{\overset{1}{\cancel{3}}}{\underset{2}{\cancel{6}}}=\frac{\square}{\square}$$

答え ＿＿L

2 油が$\frac{7}{12}$gあります。そのうちの$\frac{1}{4}$gを使いました。油は残り何gですか。

$$\frac{7}{12}-\frac{\square}{\square}=\frac{7}{12}-\frac{\square}{12}$$

$$=\frac{\overset{1}{\cancel{4}}}{\underset{3}{\cancel{12}}}=\frac{\square}{\square}$$

答え ＿＿g

月　日

1　なたね油が$\frac{3}{10}$gあります。そのうちの$\frac{2}{15}$gを使いました。なたね油は残り何gですか。

$$\frac{3}{10}-\frac{2}{15}=\frac{9}{30}-\frac{\square}{30}$$

$$=\frac{\overset{1}{\cancel{5}}}{\underset{6}{\cancel{30}}}=\frac{\square}{\square}$$

答え　　　　g

2　ジュースが$\frac{7}{15}$Lあります。そのうちの$\frac{1}{6}$Lをコップに入れました。ジュースは残り何Lですか。

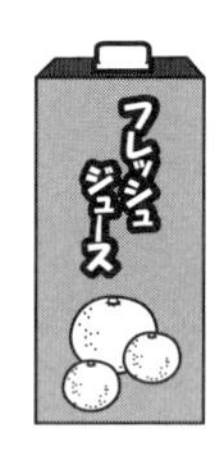

$$\frac{7}{15}-\frac{1}{6}=\frac{14}{30}-\frac{\square}{\square}$$

$$=\frac{\cancel{\square}}{\underset{10}{\cancel{30}}}=\frac{\square}{\square}$$

答え　　　　L

35 平均 ①

月　日

1　右の表は、森(もり)さんが5日間に習字で使った半紙の数です。
平均(へいきん)何まい使いましたか。

使った半紙の数

月	火	水	木	金
4まい	6まい	5まい	7まい	3まい

• 合計　4＋6＋5＋7＋3＝25

• 平均　25÷5＝

平均は合計を個数でわるんだね。

答え　まい

2　右の表は、林(はやし)さんが5か月間に読んだ本の数です。
平均すると、月に何さつ読みましたか。

読んだ本の数

4月	5月	6月	7月	8月
6さつ	4さつ	3さつ	5さつ	7さつ

• 合計　6＋4＋3＋　＋　＝

• 平均

答え　さつ

36 平均 ②

月　日

1　右の表は、東（ひがし）さんが5日間に料理で使ったたまごの数です。
平均（へいきん）何個（こ）使いましたか。

使ったたまごの数

日	月	火	水	木
8個	0個	4個	2個	6個

- 合計　8＋0＋　＋　＋　＝
- 平均　　÷　＝

答え　　　個

2　右の4個のたまごの、平均の重さは何gですか。

57g　60g　59g　56g

- 合計　57＋　＋　＋　＝
- 平均

答え　　　g

月　日

1 右の表は、4日間のいちごのとれ高(だか)です。1日平均(へいきん)何kgですか。

いちごのとれ高（kg）

1日目	2日目	3日目	4日目
14	18	16	20

- 合計　14＋18＋　＋　＝
- 平均　÷　＝

答え　kg

2 右の表は、今週、保健室(ほけんしつ)に来た人数です。1日平均何人ですか。

保健室に来た人（人）

月	火	水	木	金
7	6	0	8	9

- 合計　＋　＋　＋　＋　＝
- 平均

答え　人

38 単位量あたり ①

月　日

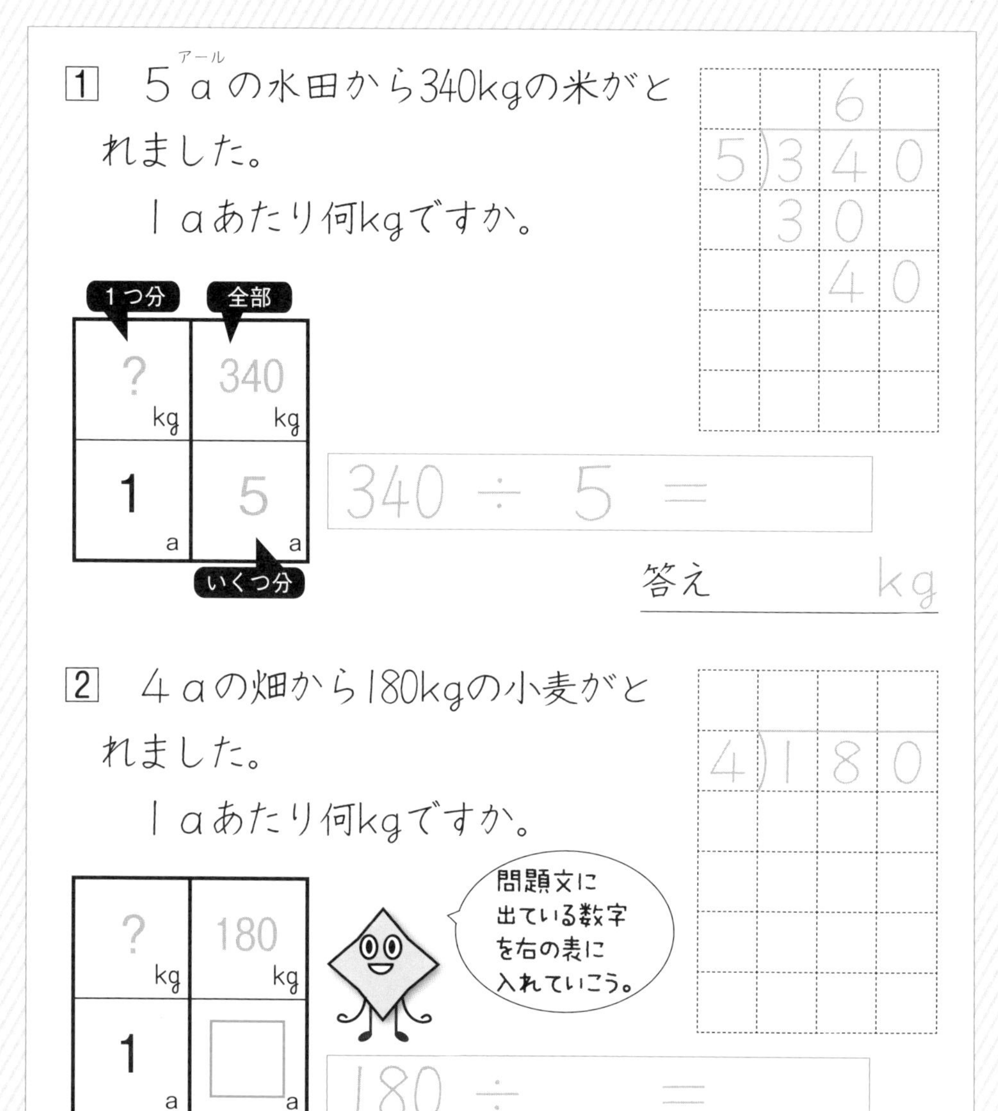

1　5 a（アール）の水田から340kgの米がとれました。

1 aあたり何kgですか。

答え　　　kg

2　4 aの畑から180kgの小麦がとれました。

1 aあたり何kgですか。

答え　　　kg

39 単位量あたり ②

月　　日

1　10個(こ)で270円のたまごがあります。
1個あたりのねだんは何円ですか。

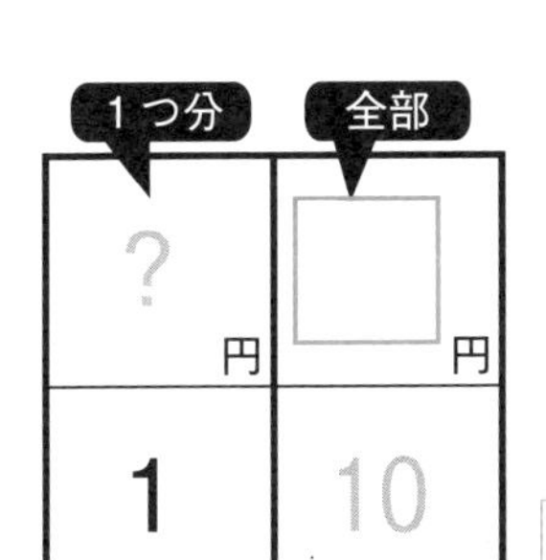

÷ 10 ＝

答え　　　円

2　3dLが168円の飲み物がありま
す。1dLあたりのねだんは何円
ですか。

)168

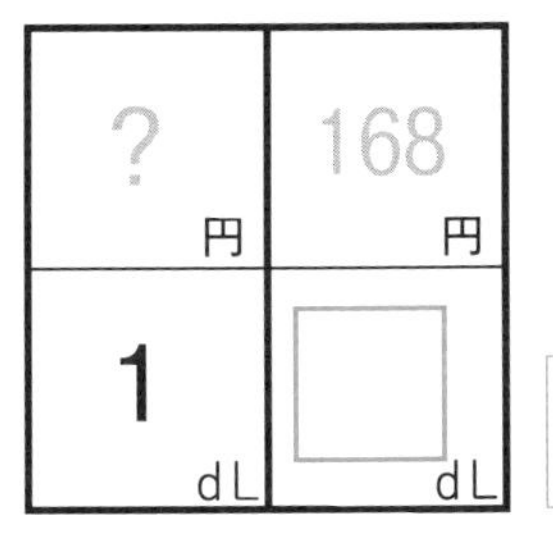

÷　　＝

答え　　　円

40 単位量あたり ③

月　日

1　20Lのガソリンで、320km走るトラックがあります。この自動車は、1Lあたり何km走りますか。

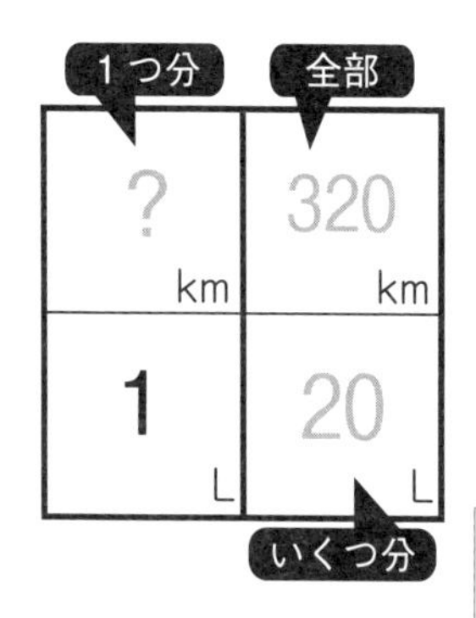

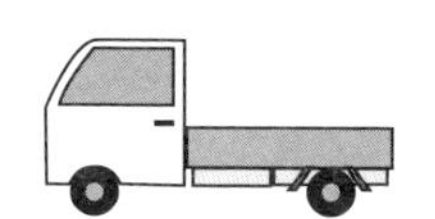

320 ÷ 20 ＝

答え　　　km

2　30Lのガソリンで、360km走る自動車は、1Lあたり何km走りますか。

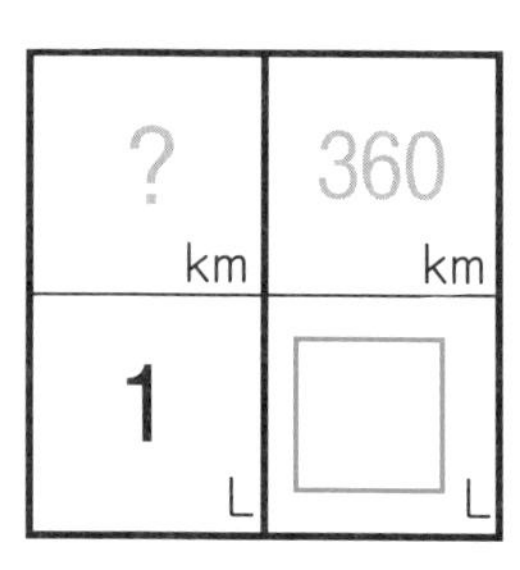

360 ÷ 　　＝

答え　　　km

41 単位量あたり ④

月　日

1 4個で1200円のケーキがあります。
1個のねだんは何円ですか。

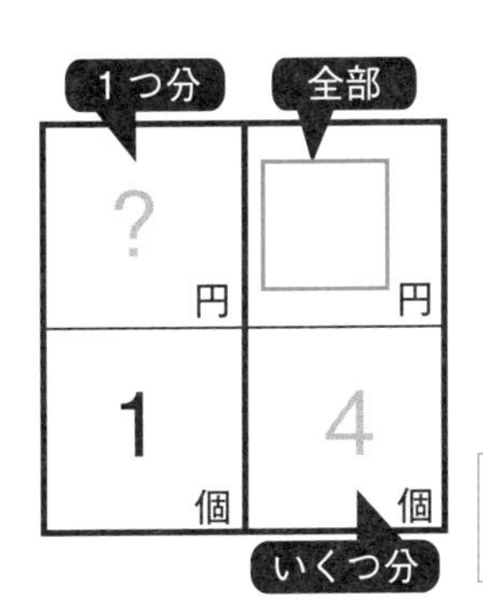

÷ 4 =

答え　　　円

2 5mで175gのはり金があります。
1mの重さは何gですか。

? g	175 g
1 m	□ m

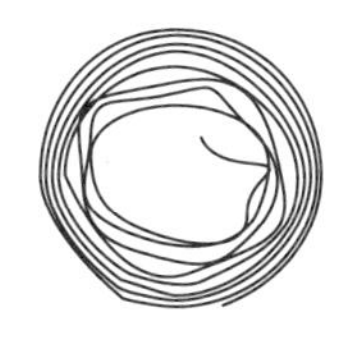

÷　　=

答え　　　g

42 単位量あたり ⑤

月　日

1　西山町の面積は35km²で、人口は6440人です。
人口みつ度は何人ですか。（電たく使用）

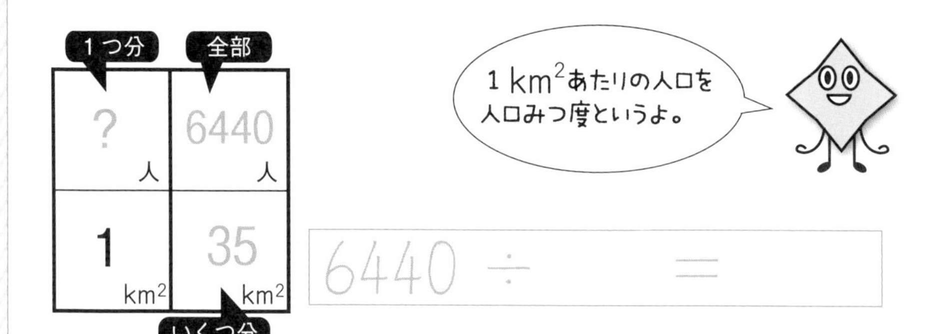

答え　　　人

2　川北町の面積は42km²で、人口は7392人です。
人口みつ度は何人ですか。（電たく使用）

? 人	7392 人
1 km²	□ km²

7392 ÷ 　　＝

答え　　　人

43 単位量あたり ⑥

月　日

1　１箱あたり15個入りのチョコレートがあります。
８箱分のチョコレートは何個ですか。

	1	5
×		8

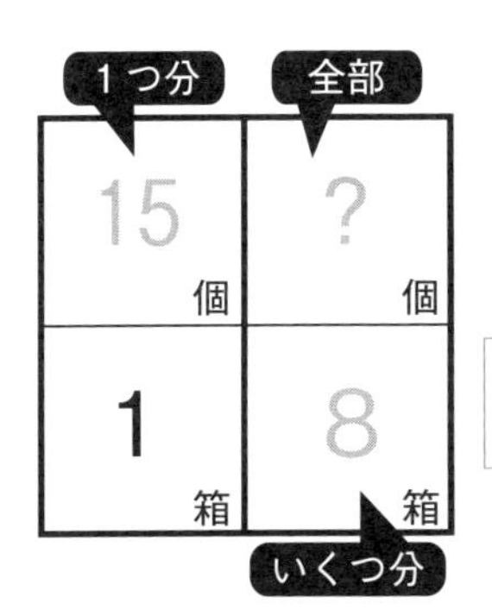

答え　　　　個

2　１箱24本入りの色えん筆があります。
６箱分の色えん筆は何本ですか。

	2	4
×		

24 本	? 本
1 箱	□ 箱

色えん筆 24色

24 × 　　＝

答え　　　　本

44 単位量あたり ⑦

月　日

1　動物園の入園料は、子ども１人分が360円です。５人分は何円ですか。

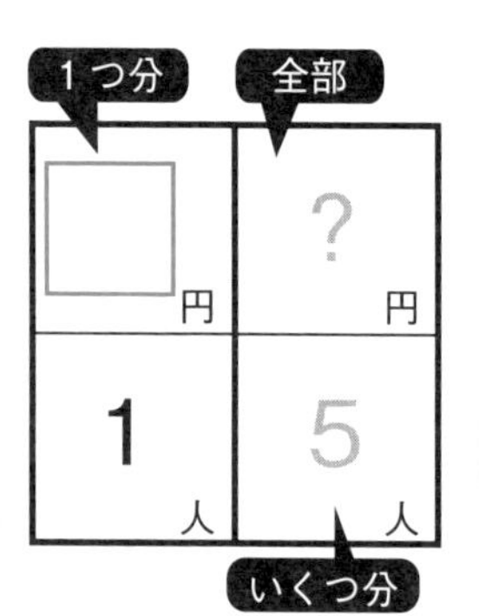

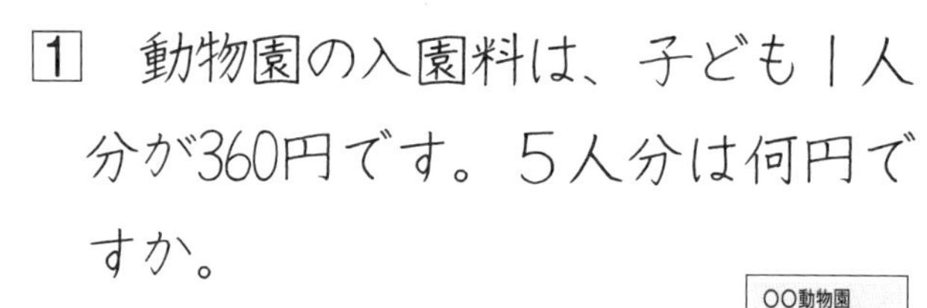

× 5 ＝

答え　　　円

2　１本に180mLのジュースが入っています。７本分は何mLですか。

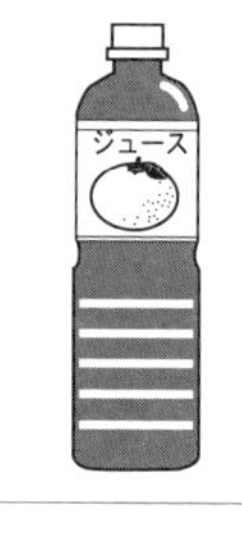

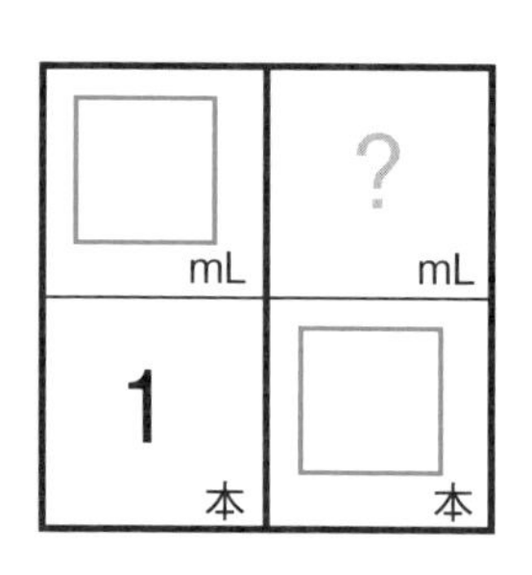

× ＝

答え　　　mL

45 単位量あたり ⑧

月　日

1　1分間に35まい印刷するコピー機があります。8分間では、何まい印刷できますか。

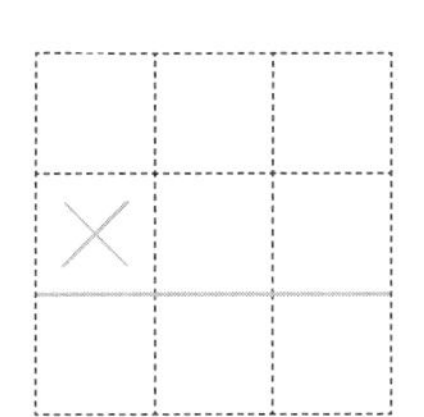

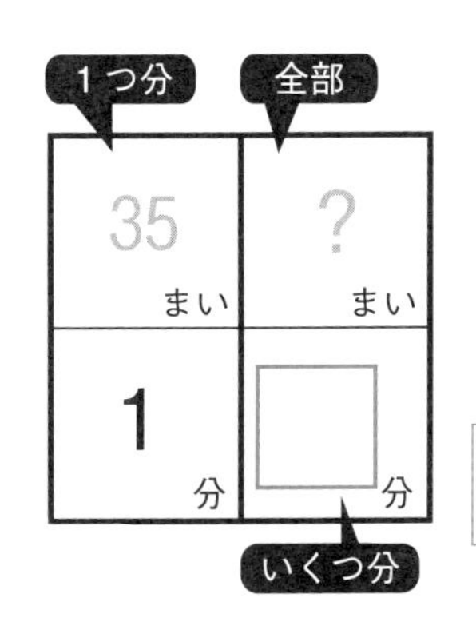

×　＝

答え　まい

2　1つの水そうに85dLの水を入れます。8つの水そうに入れる水は、何dL必要ですか。

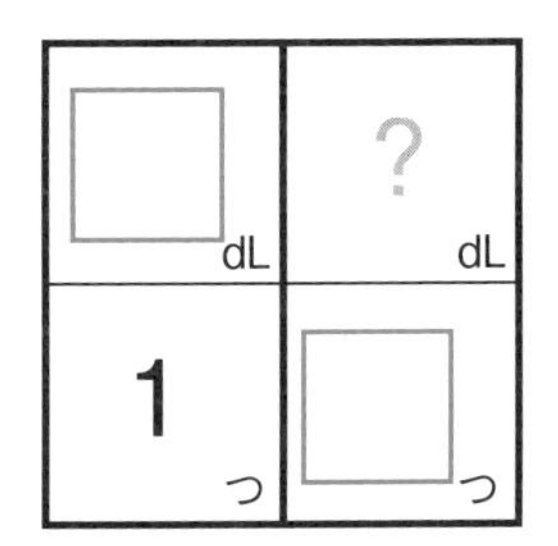

×　＝

答え　dL

単位量あたり ⑨

月　日

1　水族館の入館料は、子ども１人450円です。
子ども28人分は何円ですか。（電たく使用）

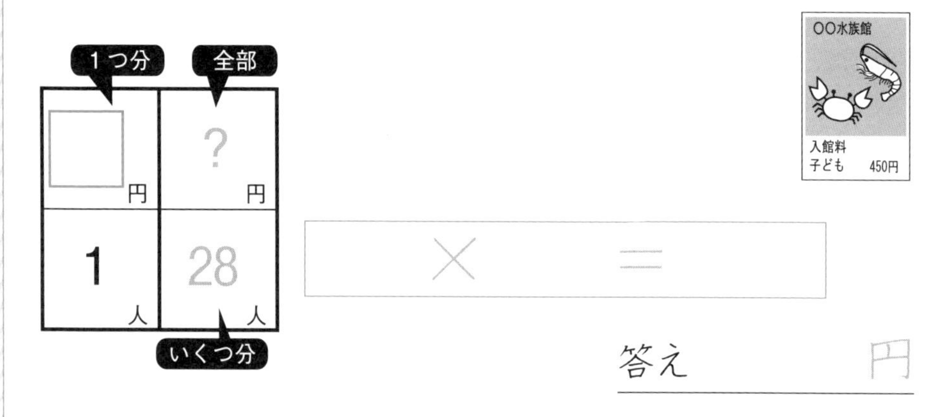

2　銀１cm³の重さは、10.5gです。
銀74cm³の重さは何gですか。（電たく使用）

10.5 g	? g
1 cm³	□ cm³

×　　＝

答え　　g

47 単位量あたり ⑩

月　日

1　1まいが10円の千代紙(ちよがみ)があります。

240円で何まい買えますか。

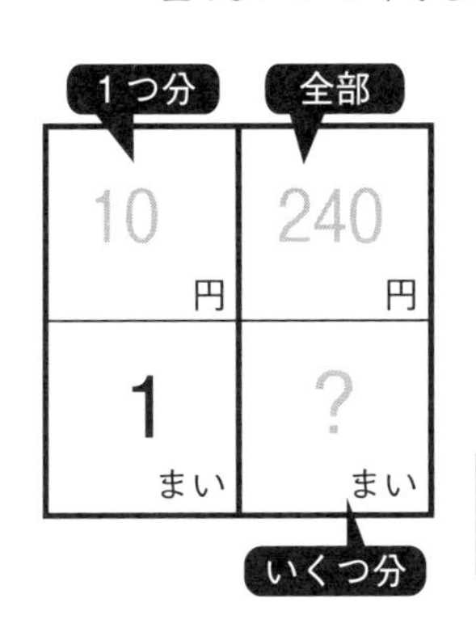

240 ÷ 10 =

答え　　まい

2　1まいが8円の千代紙があります。

320円で何まい買えますか。

□ 円	320 円
1 まい	? まい

320 ÷ 　 =

答え　　まい

48 単位量あたり ⑪

月　日

1　1本の重さが10gのくぎがあります。
このくぎ300gは何本ですか。

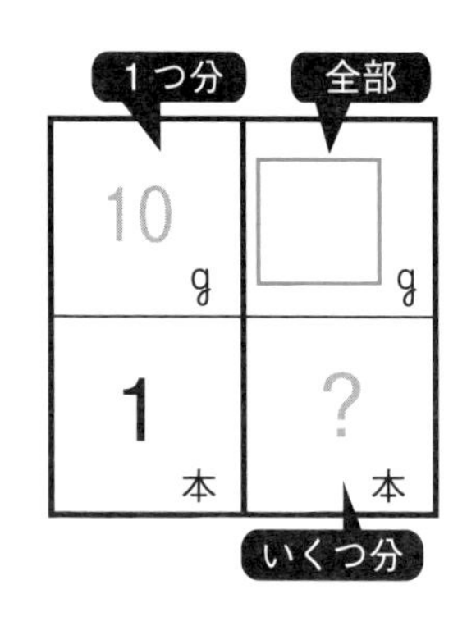

÷ 10 ＝

答え　　　本

2　1本60円のえん筆があります。
360円で何本買えますか。

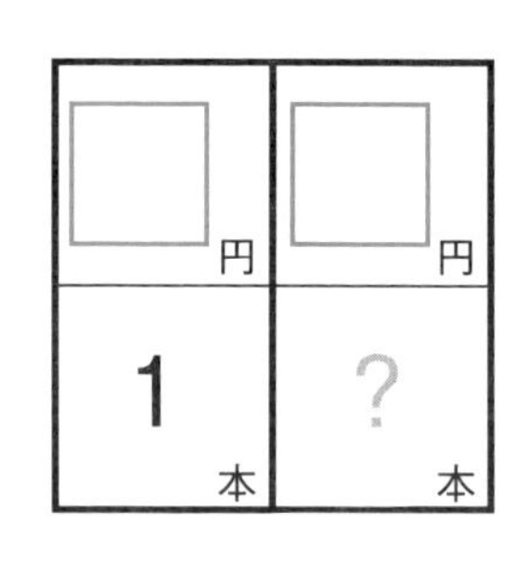

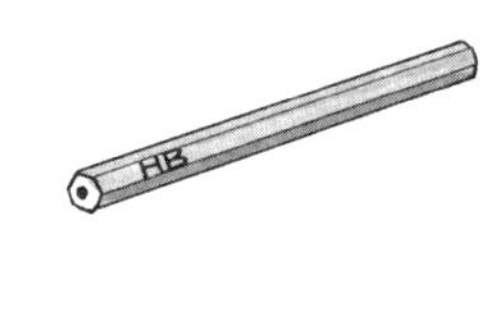

÷　　＝

答え　　　本

49 単位量あたり ⑫

月　日

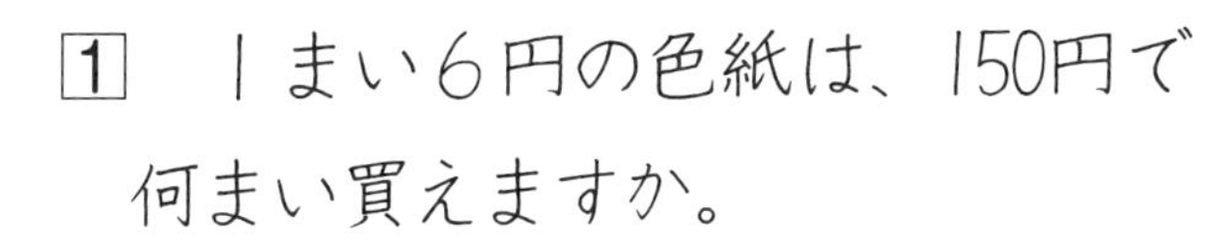

1　1まい6円の色紙は、150円で何まい買えますか。

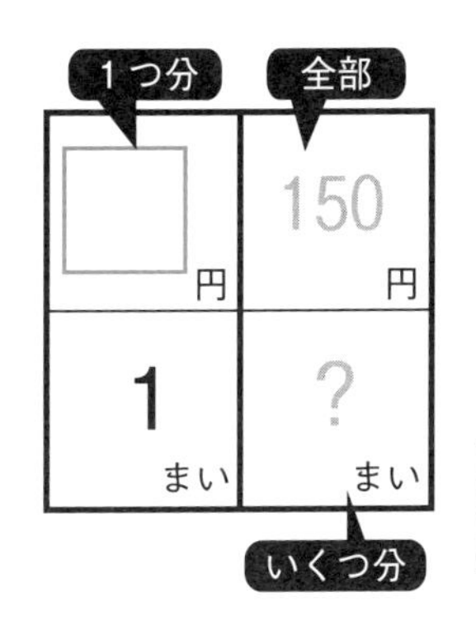

6)150

150 ÷　　＝

答え　　まい

2　1Lのガソリンで12km走るトラックは96km走るのに、何Lのガソリンがいりますか。

12 km	□ km
1 L	? L

)96

÷ 12 ＝

答え　　L

50 単位量あたり ⑬

月　日

1　1分間に45まい印刷するコピー機があります。270まい印刷するには、何分かかりますか。

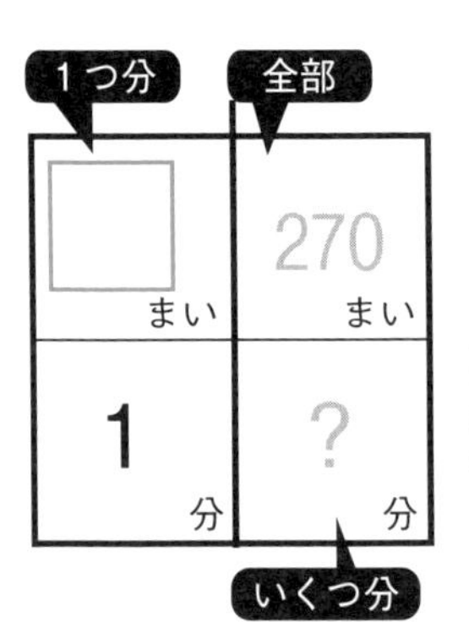

÷　＝

答え　分

2　1個(こ)6gのビー玉があります。
　このビー玉450gは、何個になりますか。

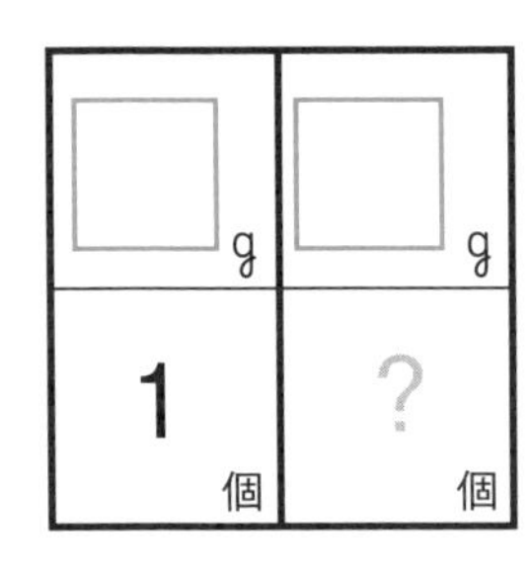

÷　＝

答え　個

51 単位量あたり ⑭

月　日

1　1Lのペンキで、かべを3.2m²ぬれます。

80m²のかべをぬるには、何Lいりますか。（電たく使用）

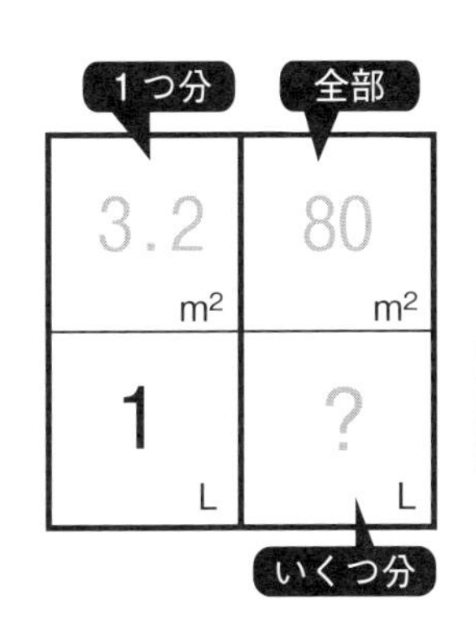

80 ÷ 3.2 ＝

答え　　　　L

2　1m²あたり1.6kgのじゃがいもがとれました。とれたじゃがいもは、全部で256kgでした。

畑は何m²ですか。（電たく使用）

□ kg	256 kg
1 m²	? m²

256 ÷ 　　＝

答え　　　　m²

52 単位量あたり ⑮

月　日

1　1 m^2 あたり6.8kgのさつまいもがとれました。とれたさつまいもは、全部で816kgでした。
畑は何 m^2 ですか。（電たく使用）

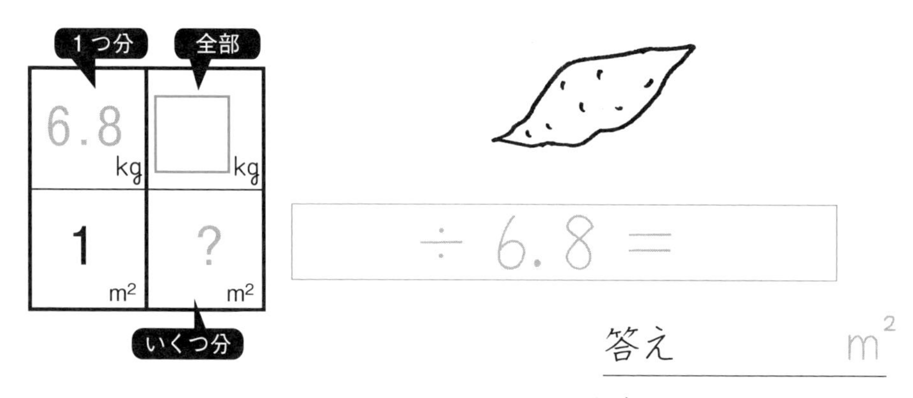

答え　m^2

2　畑に、1 a（アール）あたり4.5kgの肥料（ひりょう）をいれます。
432kgの肥料では、何 a にいれられますか。（電たく使用）

答え　a

53 割合 ①

月　日

1　男女合わせて10人います。うち４人は女子です。
女子は全体のどれだけにあたりますか。

① もとにする量は□
（全体の量）

② くらべられる量は□
（部分の量）

③ 女子の割合（わりあい）を求めましょう。

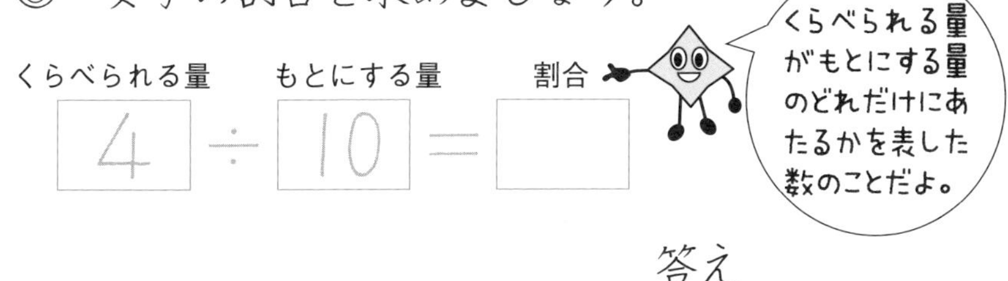

答え ＿＿＿＿＿＿

2　子どもが30人います。
５年生は12人です。
５年生は子ども全体のどれだけにあたりますか。

くらべられる量　もとにする量　割合

12 ÷ 30 ＝ □

答え ＿＿＿＿＿＿

54 割合 ②

月　日

1　子どもが10人います。
そのうち女子は6人です。
女子は子ども全体のどれだけにあたりますか。

くらべられる量 ÷ もとにする量 ＝ 割合

□ ÷ □ ＝ □

答え＿＿＿＿＿＿

2　子どもが20人います。
そのうち男子は12人です。
男子は子ども全体のどれだけにあたりますか。

くらべられる量 ÷ もとにする量 ＝ 割合

□ ÷ □ ＝ □

答え＿＿＿＿＿＿

55 割合 ③

月　日

1　料理教室の定員は20人です。

希望者は24人です。

希望者は定員のどれだけにあたりますか。

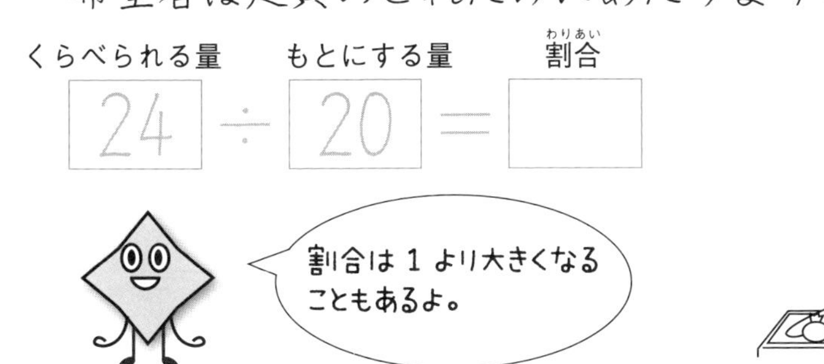

答え

2　習字教室の定員は20人です。

希望者は28人です。

希望者は定員のどれだけにあたりますか。

くらべられる量		もとにする量		割合
28	÷		=	

答え

56 割合 ④

月　日

1　花の畑は25m²です。
いもの畑は60m²です。
いもの畑は花の畑のどれだけにあたりますか。

くらべられる量　□ ÷ もとにする量　□ ＝ 割合（わりあい）　□

答え

2　野菜の畑は20m²です。
豆の畑は30m²です。
豆の畑は野菜の畑のどれだけにあたりますか。

くらべられる量　□ ÷ もとにする量　□ ＝ 割合　□

答え

57 割合 ⑤

月　日

1　定員50人のバスに40人乗っています。乗客は定員のどれだけにあたりますか。 百分率（ひゃくぶんりつ）で表しましょう。

くらべられる量　もとにする量　割合（わりあい）

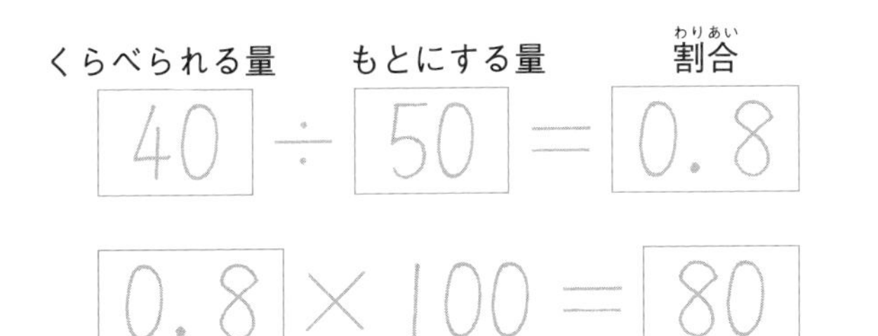

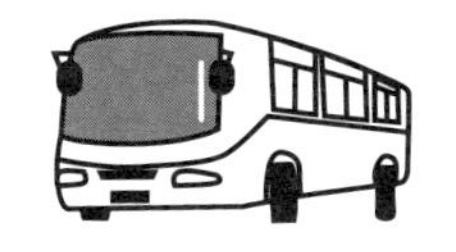

小数で表した割合を100倍すると
百分率（ %） になるよ。

答え　　　　%

2　定員50人のバスに46人乗っています。乗客は定員のどれだけにあたりますか。 百分率で表しましょう。（電たく使用）

くらべられる量　もとにする量　割合

46 ÷ □ ＝ □

答え　　　　%

月　日

1　定員120人の電車に102人乗っています。乗客は定員のどれだけにあたりますか。百分率(ひゃくぶんりつ)で表しましょう。（電たく使用）

くらべられる量　もとにする量　割合(わりあい)

□ ÷ 120 ＝ □

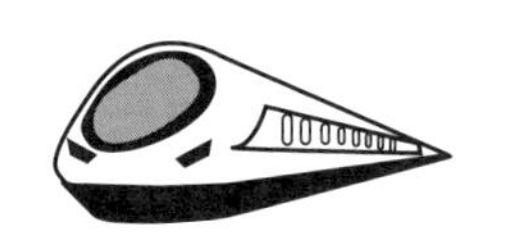

□ × 100 ＝ □

答え　　　%

2　定員120人の電車に138人乗っています。乗客は定員のどれだけにあたりますか。百分率で表しましょう。（電たく使用）

くらべられる量　もとにする量　割合

□ ÷ □ ＝ □

□ × 100 ＝ □

答え　　　%

月　日

1 山本さんは、野球の試合で５打数で、安打が２本でした。山本さんの打率を求め、歩合で表しましょう。

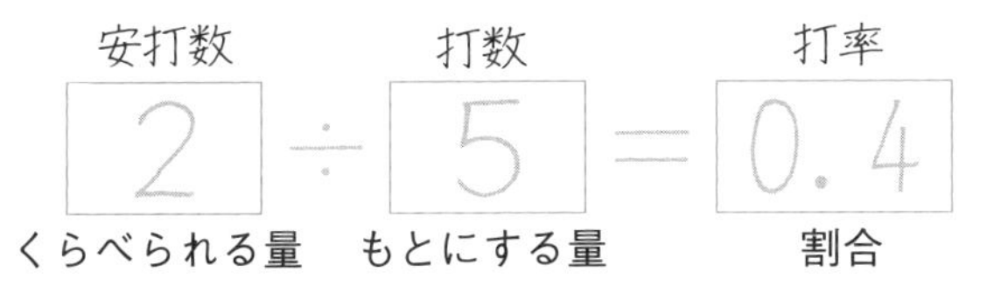

- 割合の小数の0.1は１割
- 割合の小数の0.01は１分
- 割合の小数の0.001は１厘

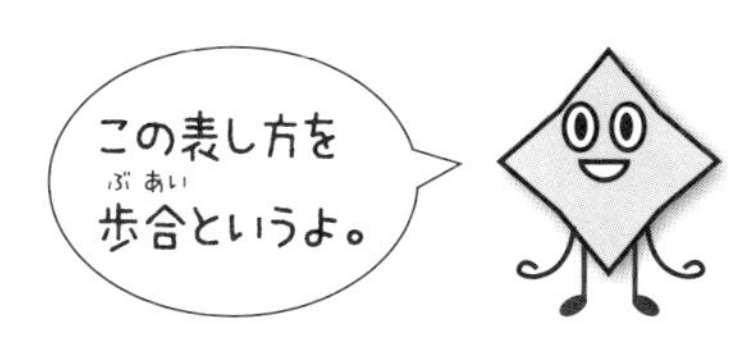

答え　　　割

2 岩本さんは、ソフトボールの試合で、４打数１安打でした。岩本さんの打率を求め、歩合で表しましょう。

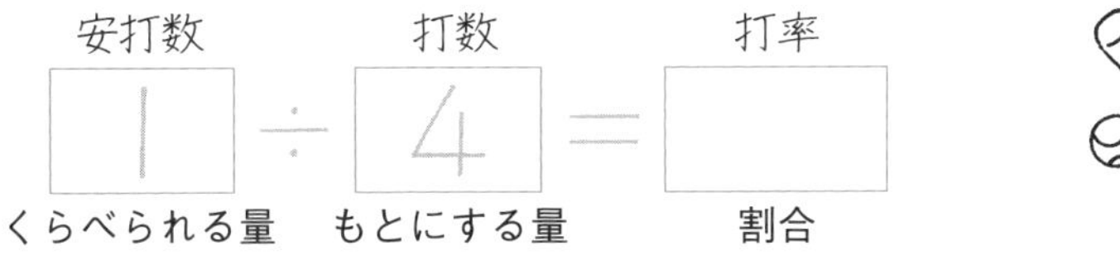

答え　割　分

月　日

1　メロンを20個売っています。昼までに、全体の0.6の割合にあたるメロンが売れました。
　メロンは何個売れましたか。

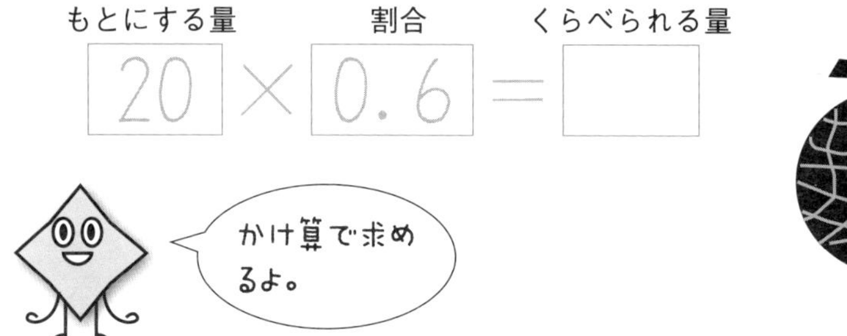

答え　　個

2　画用紙が50まいあります。そのうちの0.4の割合にあたる画用紙を使いました。
　使った画用紙は何まいですか。

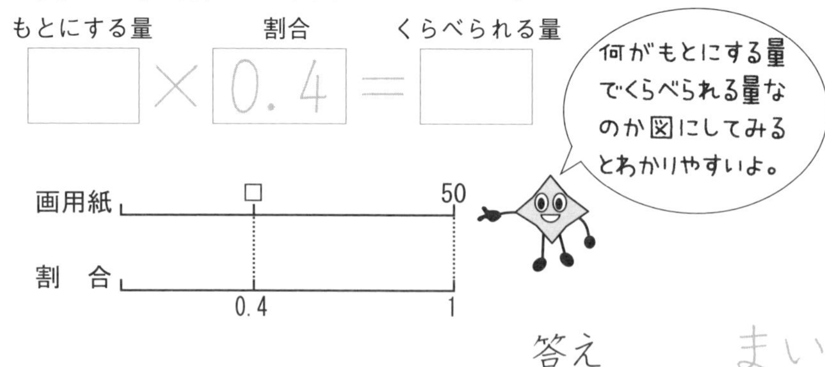

答え　　まい

61 割合 ⑨

月　日

1　色紙が60まいあります。そのうちの0.3の割合にあたる色紙を使いました。
　使った色紙は何まいですか。

答え　　　まい

2　なしを80個売っています。昼までに、全体の0.7の割合にあたるなしが売れました。
　なしは何個売れましたか。

答え　　　個

62 割合 ⑩

月　日

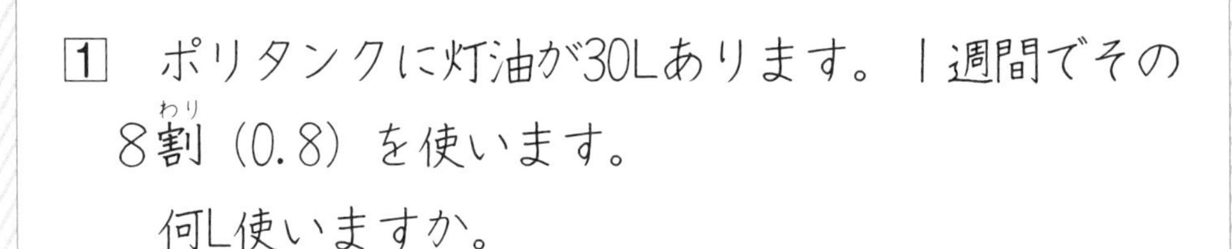

1　ポリタンクに灯油が30Lあります。１週間でその8割（0.8）を使います。

何L使いますか。

答え　　　　L

2　ガソリンを20L入れた自動車があります。１週間でその7割（0.7）を使います。

何L使いますか。

もとにする量　割合　くらべられる量

20 × □ = □

答え　　　　L

63 割合 ⑪

月　日

1　ぼくの体重は30kgです。弟の体重は、ぼくの体重の70%（0.7）です。

弟は何kgですか。

□ × 0.7 ＝ □

答え　　　kg

2　兄の体重は40kgです。母の体重は、兄の体重の120%（1.2）です。

母は何kgですか。

□ × □ ＝ □

答え　　　kg

月　日

1　俳句(はいく)教室へ入りたい人は18人です。これは定員の9割(わり)（0.9）にあたります。

定員は何人ですか。

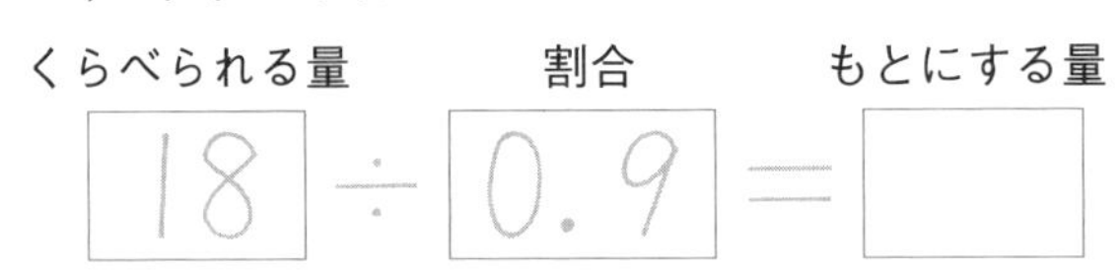

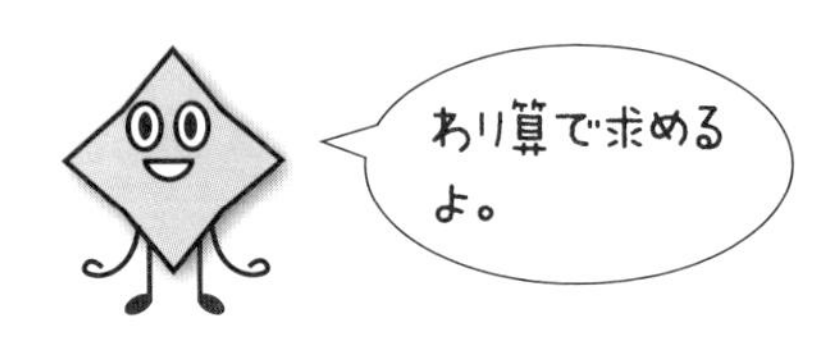

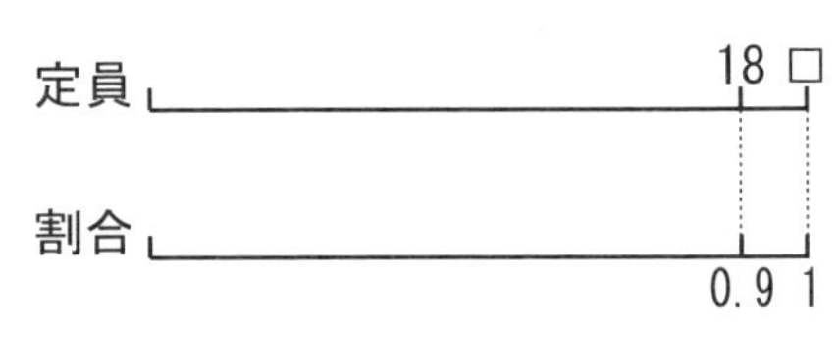

答え　　　　人

2　池田小学校の5年生女子は32人です。これは5年生全体の4割（0.4）にあたります。

5年生全体は何人ですか。

くらべられる量　　割合　　もとにする量

□ ÷ 0.4 ＝ □

答え　　　　人

65 割合 ⑬

月　日

1　サッカークラブに入りたい人は36人です。これは定員の1.2の割合にあたります。

定員は何人ですか。

くらべられる量　割合　もとにする量

36 ÷ □ ＝ □

答え　　人

2　折り紙クラブに入りたい人は32人です。これは定員の0.8の割合にあたります。

定員は何人ですか。

くらべられる量　割合　もとにする量

□ ÷ □ ＝ □

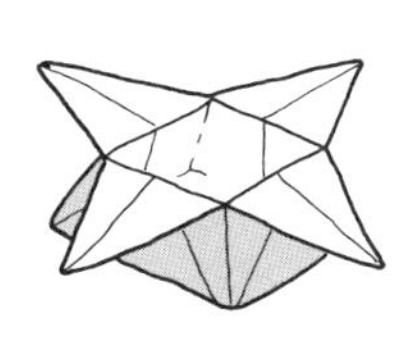

答え　　人

月　日

1　国語辞典が60さつあります。これは漢字辞典のさっ数の150%（1.5）にあたります。

漢字辞典は何さつですか。

答え　　　さつ

2　植物図かんが24さつあります。これは動物図かんのさっ数の120%（1.2）にあたります。

動物図かんは何さつですか。

くらべられる量　　割合　　もとにする量

[　　] ÷ [　　] ＝ [　　]

答え　　　さつ

67 割合 ⑮

月　日

1 ねこの写真集が28さつあります。これは犬の写真集の140%（1.4）にあたります。

犬の写真集は何さつですか。

くらべられる量		割合（わりあい）		もとにする量
	÷	1.4	＝	

答え　　　さつ

2 すずめが30羽います。これはハトの150%（1.5）にあたります。

ハトは何羽いますか。

くらべられる量		割合		もとにする量
	÷		＝	

答え　　　羽

月　日

1　定員50人のバスに、乗客は40人です。
定員をもとにして、乗客の割合（わりあい）を求めましょう。

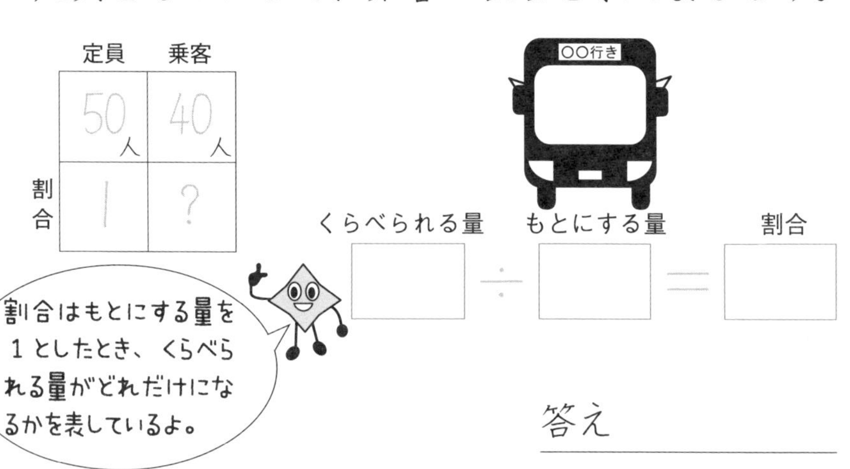

答え

2　定員50人のバスに、乗客は60人です。
定員をもとにして、乗客の割合を求めましょう。

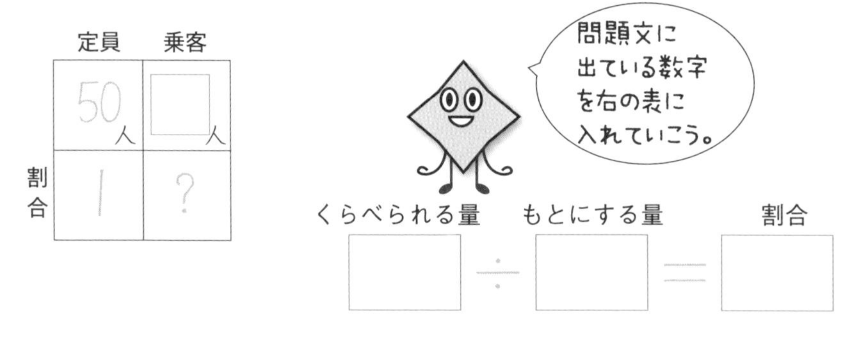

答え

69 割合 ⑰

月　日

1　学級文庫は120さつあります。その45%（0.45）は物語の本です。

物語の本は何さつですか。（電たく使用）

答え　　さつ

2　定価(ていか)950円のシャツを、24%（0.24）引きで売っています。

シャツは何円安くなりますか。（電たく使用）

	定価	割り引き
	□円	?円
割合	1	0.24

定価　　　　　　　割り引き

950 × □ = □

もとにする量　　割合　　くらべられる量

答え　　円

1 5年生で、動物をかっている人は45人です。これは5年生全体の60%（0.6）にあたります。

5年生全体は何人ですか。（電たく使用）

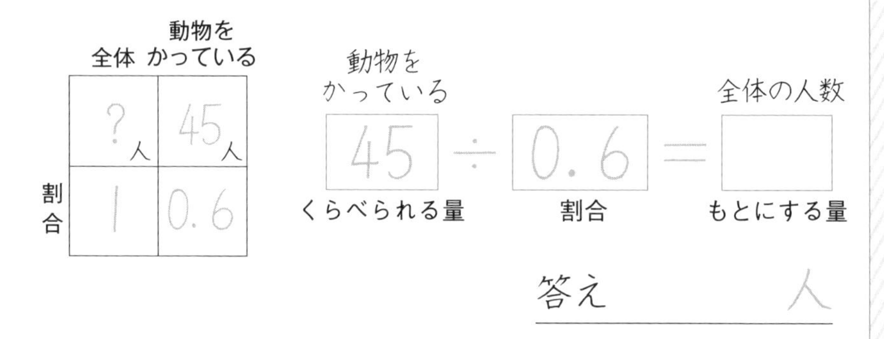

答え　　　人

2 ペンケースの定価は845円です。これは仕入れのねだんの130%（1.3）にあたります。

仕入れたねだんは何円ですか。（電たく使用）

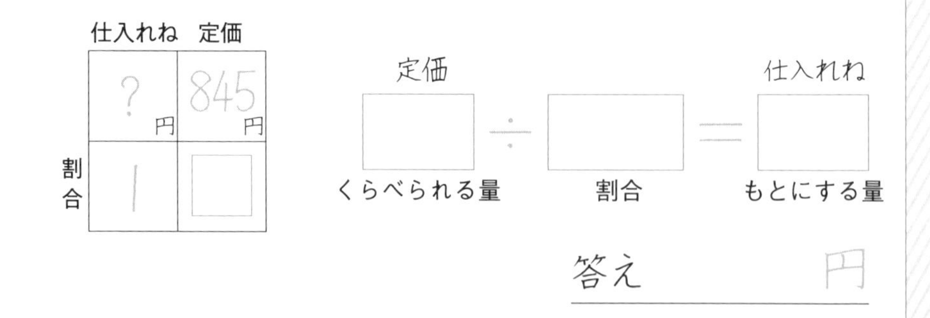

答え　　　円

71 速さの問題 ①

月　日

1　たくはい便の車は、2時間で60km走りました。
たくはい便の車の時速は何kmですか。

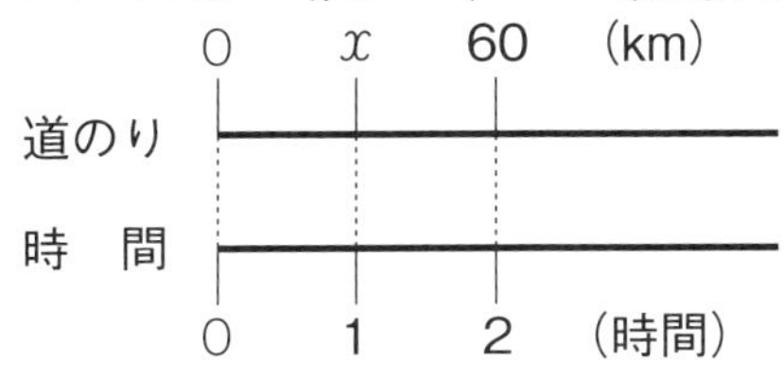

道のり　(km)	x	60
時　間　(時間)	1	2

速さは、「道のり÷時間」で求められるよ。

60 ÷ 2 ＝ □

時速は1時間あたりに進む
道のりで表した速さだよ。

答え　　　　km

2　マイクロバスは、3時間で120km走りました。
マイクロバスの時速は何kmですか。

0　x　120　(km)
道のり
時　間
(時間)
0　1　3

道のり　(km)	x	120
時　間　(時間)	1	3

120 ÷ □ ＝ □

答え　　　　km

72 速さの問題 ②

月　日

1 観光バスは、高速道路を２時間で140km走りました。観光バスの時速は何kmですか。

道のり　(km)	x	140
時　間　(時間)	1	□

問題文に出ている数字を上の表に入れよう。

140 ÷ □ = □

答え　　km

2 急行電車は、３時間で240km走りました。急行電車の時速は何kmですか。

道のり　(km)	x	□
時　間　(時間)	1	□

□ ÷ □ = □

答え　　km

73 速さの問題 ③

月　日

1　新幹線（しんかんせん）のぞみ号は、540kmを2時間で走ります。時速は何kmですか。

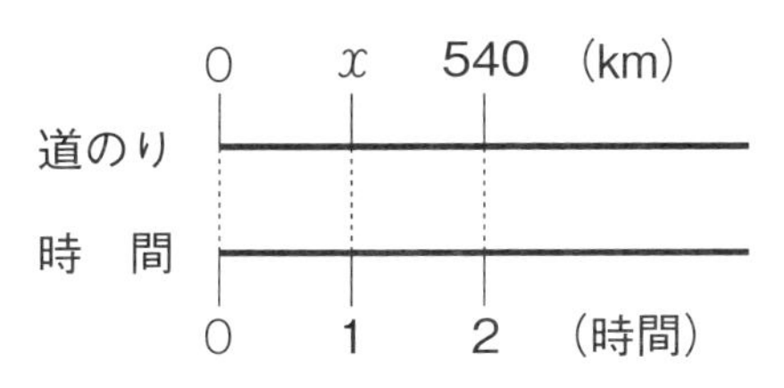

道のり　(km)	x	540
時　間 (時間)	1	2

540 ÷ 2 = □

答え　　　　km

2　新幹線はやて号は、630kmを3時間で走ります。時速は何kmですか。

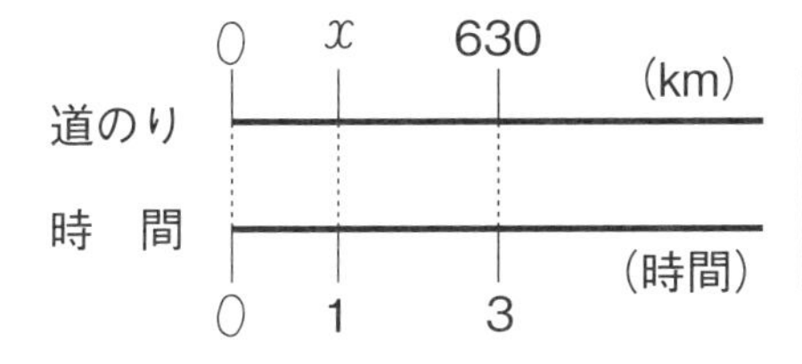

道のり　(km)	x	630
時　間 (時間)	1	3

630 ÷ □ = □

答え　　　　km

74 速さの問題 ④

月　日

1　新幹線(しんかんせん)とき号は、334kmを2時間で走ります。
時速は何kmですか。

道のり　(km)	x	
時　間　(時間)	1	2

□ ÷ 2 ＝ □

答え　　　km

2　新幹線ひかり号は、570kmを3時間で走ります。
時速は何kmですか。

道のり　(km)	x	570
時　間　(時間)	1	

570 ÷ □ ＝ □

答え　　　km

75 速さの問題 ⑤

月　日

1　特急電車は、40分で80km走ります。
分速は何kmですか。

分速は１分間あたりに進む道のりで表した速さだよ。

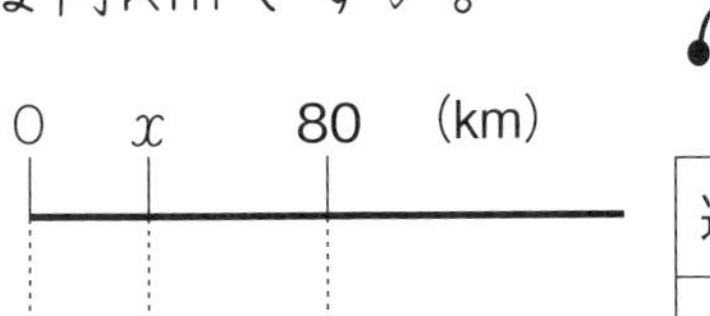

道のり　(km)	x	80
時　間　(分)	1	40

80 ÷ 40 = □

答え　　　km

2　急行電車は、50分で70km走ります。
分速は何kmですか。

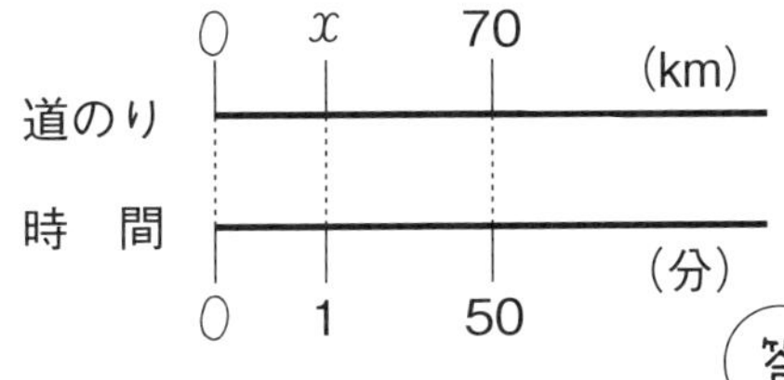

道のり　(km)	x	70
時　間　(分)	1	50

答えは小数になるよ。

70 ÷ □ = □

答え　　　km

76 速さの問題 ⑥

月　日

1　520m歩くのに8分かかりました。分速は何mですか。

道のり　(m)	x	520
時　間　(分)	1	

8)520

520 ÷ □ ＝ □

答え　　m

2　かたつむりは、240cm進むのに3分かかりました。分速は何cmですか。

道のり　(cm)	x	
時　間　(分)	1	

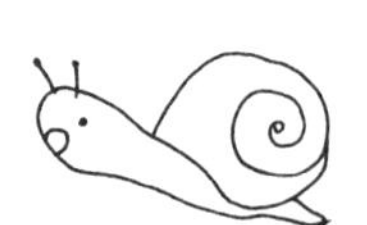

□ ÷ □ ＝ □

答え　　cm

77 速さの問題 ⑦

月　日

1　わたしは、200mを40秒で走ります。
秒速は何mですか。

秒速は１秒間あたりに進む道のりで表した速さだよ。

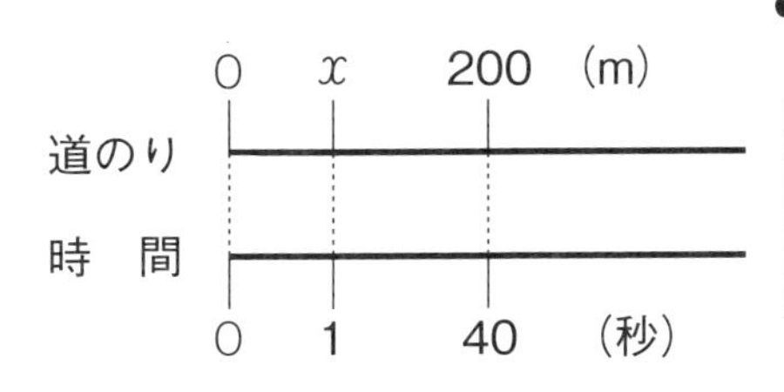

道のり　(m)	x	200
時　間　(秒)	1	40

200 ÷ 40 ＝ □

答え　　　m

2　馬が、80mを５秒で走りました。
秒速は何mですか。

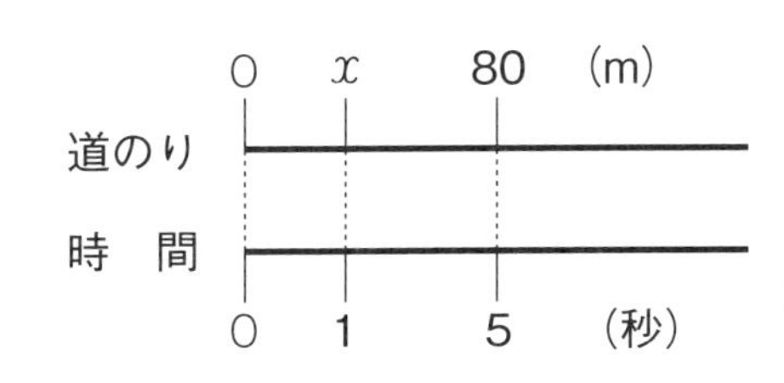

道のり　(m)	x	80
時　間　(秒)	1	5

80 ÷ □ ＝ □

答え　　　m

78 速さの問題 ⑧

月　日

1 イルカは、5秒で70m泳ぎます。
秒速は何mですか。

道のり　(m)	x	
時　間　(秒)	1	5

70 ÷ □ ＝ □

答え　　　m

2 チーターは、5秒で160m走ります。
秒速は何mですか。

5)160

道のり　(m)	x	
時　間　(秒)	1	

□ ÷ □ ＝ □

答え　　　m

79 速さの問題 ⑨

月　日

1　観光バスが時速45kmで走っています。
このバスは、3時間で何km進みますか。

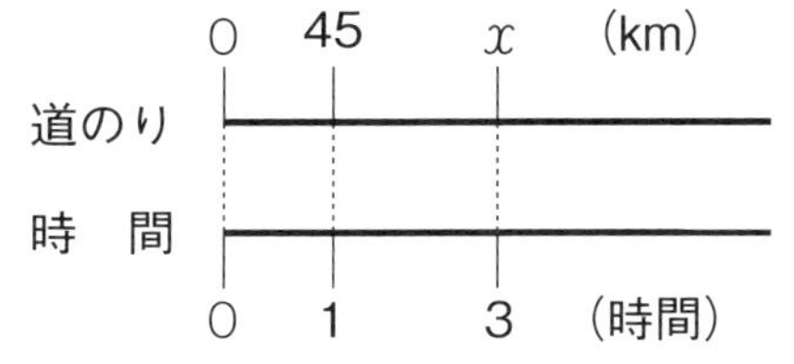

道のり　(km)	45	x
時　間（時間）	1	3

道のりは、「速さ×時間」で求められるよ。

45 × 3 ＝ □

答え　　km

2　乗用車が高速道路を、時速72kmで走っています。
3時間で何km進みますか。

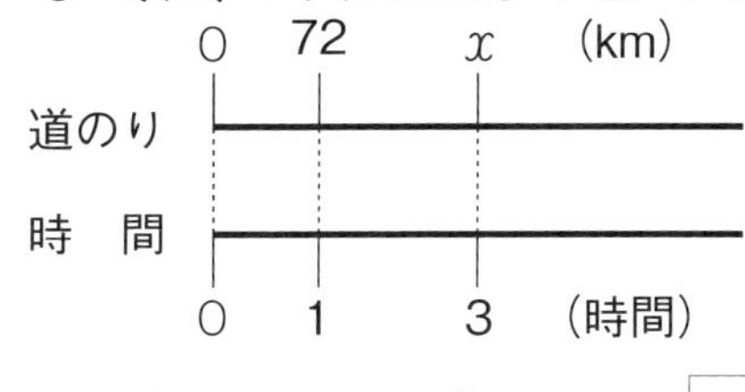

道のり　(km)	72	x
時　間（時間）	1	3

72 × 3 ＝ □

答え　　km

80 速さの問題 ⑩

月　日

1　急行電車が時速85kmで走っています。
4時間で何km進みますか。

道のり　(km)		x
時　間　(時間)	1	4

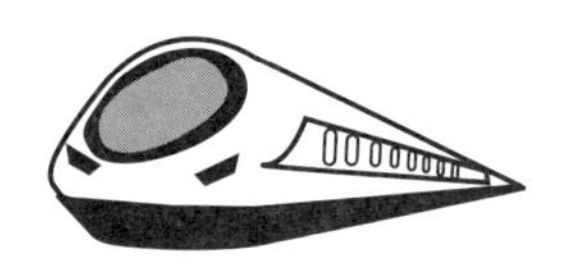

□ × 4 ＝ □

答え　　　km

2　特急電車が時速115kmで走っています。
6時間で何km進みますか。

道のり　(km)		x
時　間　(時間)	1	

□ × □ ＝ □

答え　　　km

81 速さの問題 ⑪

月　日

1 わたしは、分速65mで歩いています。
20分歩くと何m進みますか。

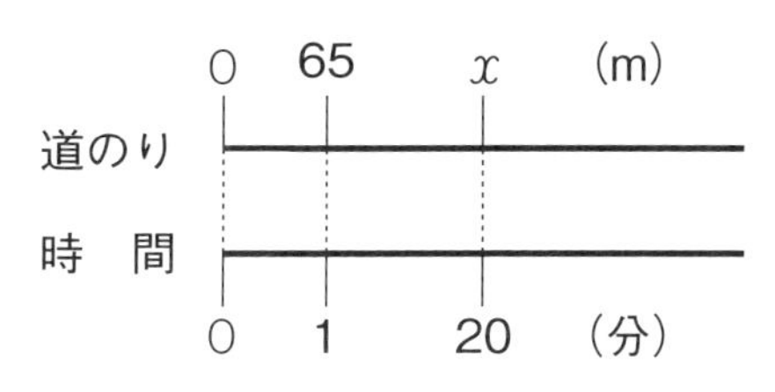

道のり　(m)	65	x
時　間　(分)	1	20

$65 \times 20 = \square$

答え　　m

2 ぼくは、分速180mで自転車を走らせています。
30分で何m進みますか。

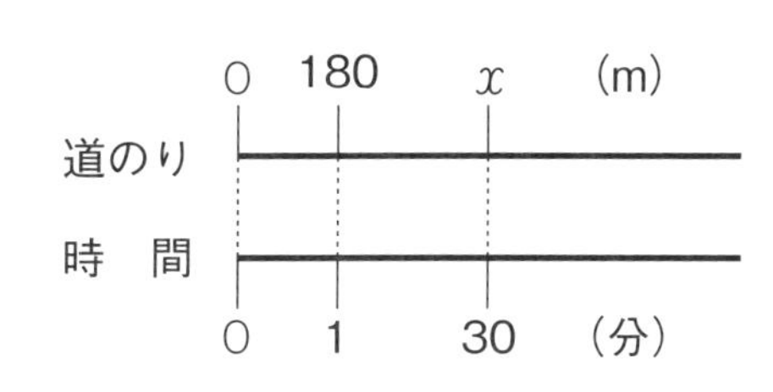

道のり　(m)	180	x
時　間　(分)	1	30

$180 \times 30 = \square$

答え　　m

82 速さの問題 ⑫

月　日

1 チーターは、秒速32mで走ります。
チーターが８秒走ると、何m進みますか。

道のり　(m)	32	x
時　間　(秒)	1	

32 × □ = □

答え　　　m

2 秒速7.5kmのロケットがあります。
このロケットは、80秒で何km進みますか。

道のり　(km)		x
時　間　(秒)	1	

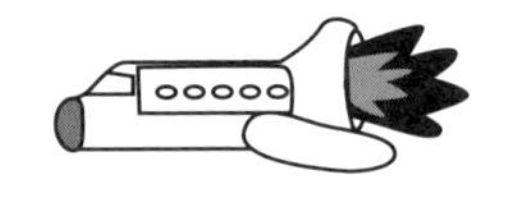

答え　　　km

83 速さの問題 ⑬

月　日

1　時速50kmの自動車があります。この自動車で200km走ると、何時間かかりますか。

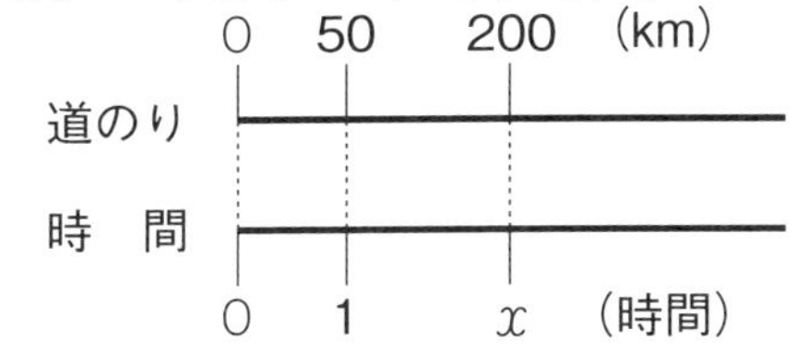

道のり　(km)	50	200
時　間　(時間)	1	x

時間は、「道のり÷速さ」で求められるよ。

200 ÷ 50 ＝ □

答え　　時間

2　時速900kmの旅客機(りょかくき)があります。この旅客機で2700km飛行すると、何時間かかりますか。

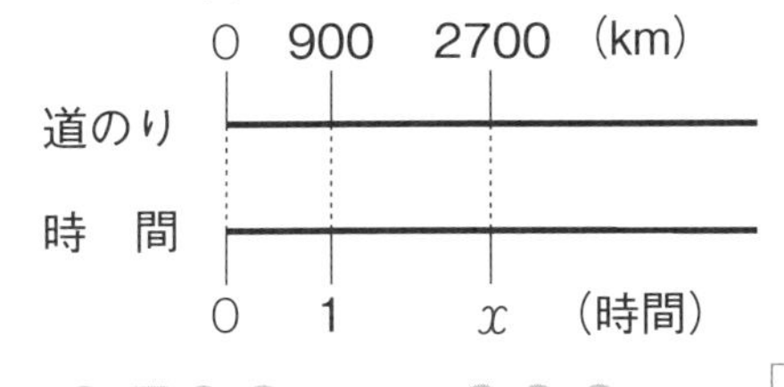

道のり　(km)	900	2700
時　間　(時間)	1	x

2700 ÷ 900 ＝ □

答え　　時間

84 速さの問題 ⑭

月　日

1　時速30kmで台風が進んでいます。
240km進むのに何時間かかりますか。

道のり　　(km)		240
時　間　(時間)	1	x

240 ÷ □ = □

答え　　時間

2　新幹線(しんかんせん)ひかり号は、時速190kmです。
570km進むのに何時間かかりますか。

道のり　　(km)	190	
時　間　(時間)	1	x

□ ÷ 190 = □

答え　　時間

85 速さの問題 ⑮

月　日

1 家から駅までは、780mです。

分速65mで歩くと、何分かかりますか。（電たく使用）

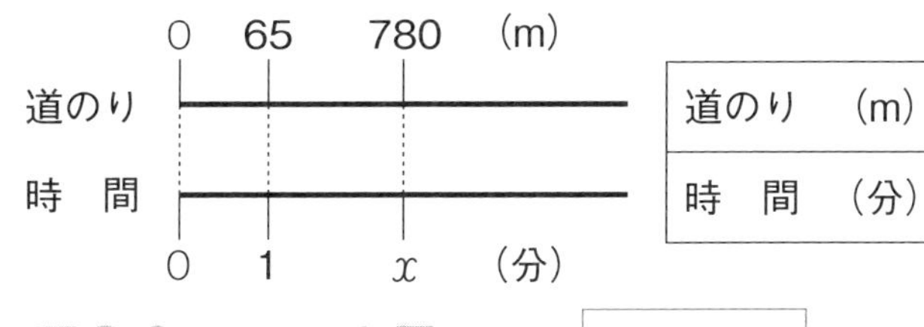

道のり　(m)	65	780
時　間　(分)	1	x

780 ÷ 65 ＝ □

答え　　　　分

2 犬が分速850mで走っています。

5100m走るには、何分かかりますか。（電たく使用）

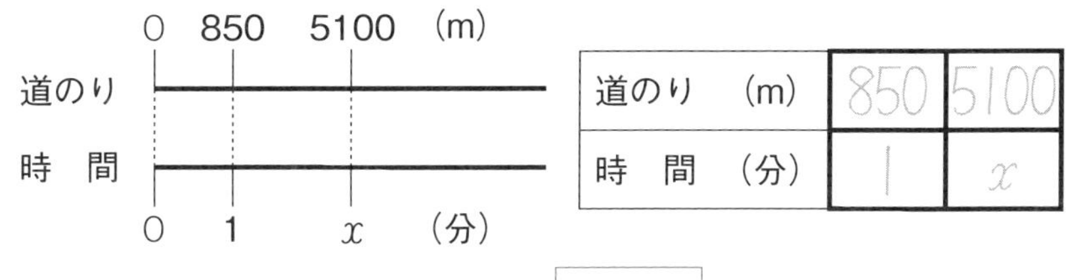

道のり　(m)	850	5100
時　間　(分)	1	x

5100 ÷ 850 ＝ □

答え　　　　分

86 速さの問題 ⑯

月　日

1　秒速65mのレーシングカーは、2600m走るのに何秒かかりますか。（電たく使用）

道のり　(m)	65	
時　間　(秒)	1	x

□ ÷ 65 ＝ □

答え　　　秒

2　秒速54mのヘリコプターは、4050m飛ぶのに何秒かかりますか。（電たく使用）

道のり　(m)		
時　間　(秒)	1	x

□ ÷ □ ＝ □

答え　　　秒

こたえ

◆1 小数のかけ算 ①

1 $1.2\times8=9.6$　9.6kg

2 $5.4\times5=27$　27kg

◆2 小数のかけ算 ②

1 $4.2\times12=50.4$　50.4L

2 $3.5\times24=84$　84L

◆3 小数のかけ算 ③

1 $8\times4.6=36.8$　36.8m^2

2 $12\times8.3=99.6$　99.6m^2

◆4 小数のかけ算 ④

1 $25\times8.4=210$　210m^2

2 $30\times9.5=285$　285m^2

◆5 小数のかけ算 ⑤

1 $65\times3.8=247$　247円

2 $80\times4.5=360$　360円

◆6 小数のかけ算 ⑥

1 $1.4\times0.6=0.84$　0.84kg

2 $1.5\times0.6=0.9$　0.9kg

◆7 小数のかけ算 ⑦

1 $1.3\times0.8=1.04$　1.04kg

2 $0.8\times3.8=3.04$　3.04m^2

◆8 小数のかけ算 ⑧

1 $3.5\times1.8=6.3$　6.3m^2

2 $1.8\times4.5=8.1$　8.1m^2

◆9 小数のかけ算 ⑨

1 $2.4\times3.5=8.4$　8.4m^2

2 $2.8\times3.2=8.96$　8.96m^2

◆10 小数のわり算 ①

1 $7.2\div3=2.4$　2.4m

2 $7.2\div4=1.8$　1.8m

◆11 小数のわり算 ②

1 $9.5\div2=4\cdots1.5$

4本とれて，あまり1.5m

2 $9.5\div3=3\cdots0.5$

3本とれて，あまり0.5m

◆12 小数のわり算 ③

1 $7\div0.5=14$　14本

2 $6\div0.5=12$　12本

◆13 小数のわり算 ④

1 $8\div0.5=16$　16本

2 $9\div0.6=15$ 15本

◆14 小数のわり算 ⑤

1 $10\div2.5=4$ 4 kg

2 $12\div2.4=5$ 5 kg

◆15 小数のわり算 ⑥

1 $35\div1.4=25$ 25m

2 $27\div1.8=15$ 15本

◆16 小数のわり算 ⑦

1 $13.5\div0.5=27$ 27本

2 $20.4\div0.6=34$ 34本

◆17 小数のわり算 ⑧

1 $14.4\div0.8=18$ 18km

2 $17.1\div0.9=19$ 19km

◆18 小数のわり算 ⑨

1 $6.75\div2.5=2.7$ 2.7倍

2 $9.52\div3.4=2.8$ 2.8m

◆19 分数のたし算 ①

1 $\frac{3}{8}+\frac{1}{4}=\frac{3}{8}+\frac{2}{8}$

$=\frac{5}{8}$ $\frac{5}{8}$L

2 $\frac{3}{10}+\frac{2}{5}=\frac{3}{10}+\frac{4}{10}$

$=\frac{7}{10}$ $\frac{7}{10}$L

◆20 分数のたし算 ②

1 $\frac{2}{3}+\frac{1}{6}=\frac{4}{6}+\frac{1}{6}$

$=\frac{5}{6}$ $\frac{5}{6}$kg

2 $\frac{5}{9}+\frac{2}{3}=\frac{5}{9}+\frac{6}{9}$

$=\frac{11}{9}=1\frac{2}{9}$ $1\frac{2}{9}$m

◆21 分数のたし算 ③

1 $\frac{1}{3}+\frac{2}{5}=\frac{5}{15}+\frac{6}{15}$

$=\frac{11}{15}$ $\frac{11}{15}$L

2 $\frac{2}{5}+\frac{1}{4}=\frac{8}{20}+\frac{5}{20}$

$=\frac{13}{20}$ $\frac{13}{20}$kg

◆22 分数のたし算 ④

1 $\frac{3}{4}+\frac{1}{7}=\frac{21}{28}+\frac{4}{28}$

$=\frac{25}{28}$ $\frac{25}{28}$L

2 $\frac{3}{5}+\frac{2}{3}=\frac{9}{15}+\frac{10}{15}$

$=\frac{19}{15}=1\frac{4}{15}$ $1\frac{4}{15}$m

◆23 分数のたし算 ⑤

1 $\frac{3}{4}+\frac{1}{6}=\frac{9}{12}+\frac{2}{12}$

$=\frac{11}{12}$ $\frac{11}{12}$L

2　$\frac{3}{10}+\frac{7}{15}=\frac{9}{30}+\frac{14}{30}$

$=\frac{23}{30}$　　　$\underline{\frac{23}{30}\text{kg}}$

24 分数のたし算 ⑥

1　$\frac{5}{6}+\frac{1}{9}=\frac{15}{18}+\frac{2}{18}$

$=\frac{17}{18}$　　　$\underline{\frac{17}{18}\text{L}}$

2　$\frac{3}{4}+\frac{7}{10}=\frac{15}{20}+\frac{14}{20}$

$=\frac{29}{20}=1\frac{9}{20}$　　　$\underline{1\frac{9}{20}\text{m}}$

25 分数のたし算 ⑦

1　$\frac{3}{10}+\frac{1}{5}=\frac{3}{10}+\frac{2}{10}$

$=\frac{\cancel{5}^{1}}{\cancel{10}_{2}}=\frac{1}{2}$　　　$\underline{\frac{1}{2}\text{kg}}$

2　$\frac{1}{6}+\frac{7}{12}=\frac{2}{12}+\frac{7}{12}$

$=\frac{\cancel{9}^{3}}{\cancel{12}_{4}}=\frac{3}{4}$　　　$\underline{\frac{3}{4}\text{L}}$

26 分数のたし算 ⑧

1　$\frac{1}{6}+\frac{2}{15}=\frac{5}{30}+\frac{4}{30}$

$=\frac{\cancel{9}^{3}}{\cancel{30}_{10}}=\frac{3}{10}$　　　$\underline{\frac{3}{10}\text{L}}$

2　$\frac{1}{6}+\frac{9}{14}=\frac{7}{42}+\frac{27}{42}$

$=\frac{\cancel{34}^{17}}{\cancel{42}_{21}}=\frac{17}{21}$　　　$\underline{\frac{17}{21}\text{kg}}$

27 分数のひき算 ①

1　$\frac{7}{8}-\frac{3}{4}=\frac{7}{8}-\frac{6}{8}$

$=\frac{1}{8}$　　　$\underline{\frac{1}{8}\text{L}}$

2　$\frac{9}{10}-\frac{3}{5}=\frac{9}{10}-\frac{6}{10}$

$=\frac{3}{10}$　　　$\underline{\frac{3}{10}\text{L}}$

28 分数のひき算 ②

1　$\frac{7}{9}-\frac{1}{3}=\frac{7}{9}-\frac{3}{9}$

$=\frac{4}{9}$　　　$\underline{\frac{4}{9}\text{kg}}$

2　$1\frac{2}{9}-\frac{2}{3}=1\frac{2}{9}-\frac{6}{9}$

$=\frac{11}{9}-\frac{6}{9}=\frac{5}{9}$

$\underline{\frac{5}{9}\text{m}}$

29 分数のひき算 ③

1　$\frac{3}{4}-\frac{1}{3}=\frac{9}{12}-\frac{4}{12}$

$=\frac{5}{12}$　　　$\underline{\frac{5}{12}\text{L}}$

2　$\frac{4}{5}-\frac{2}{3}=\frac{12}{15}-\frac{10}{15}$

$=\frac{2}{15}$　　　$\underline{\frac{2}{15}\text{kg}}$

30 分数のひき算 ④

1　$\frac{4}{5}-\frac{3}{4}=\frac{16}{20}-\frac{15}{20}$

$=\frac{1}{20}$　　　$\underline{\frac{1}{20}\text{m}}$

2 $1\frac{1}{6}-\frac{3}{5}=1\frac{5}{30}-\frac{18}{30}$

$=\frac{35}{30}-\frac{18}{30}=\frac{17}{30}$

$\frac{17}{30}$m

31 分数のひき算 ⑤

1 $\frac{3}{4}-\frac{1}{6}=\frac{9}{12}-\frac{2}{12}$

$=\frac{7}{12}$ $\frac{7}{12}$kg

2 $\frac{4}{5}-\frac{4}{15}=\frac{12}{15}-\frac{4}{15}$

$=\frac{8}{15}$ $\frac{8}{15}$kg

32 分数のひき算 ⑥

1 $\frac{5}{6}-\frac{2}{9}=\frac{15}{18}-\frac{4}{18}$

$=\frac{11}{18}$ $\frac{11}{18}$L

2 $1\frac{1}{4}-\frac{7}{10}=1\frac{5}{20}-\frac{14}{20}$

$=\frac{25}{20}-\frac{14}{20}=\frac{11}{20}$

$\frac{11}{20}$m

33 分数のひき算 ⑦

1 $\frac{5}{6}-\frac{1}{3}=\frac{5}{6}-\frac{2}{6}$

$=\frac{\cancel{3}^{1}}{\cancel{6}_{2}}=\frac{1}{2}$ $\frac{1}{2}$L

2 $\frac{7}{12}-\frac{1}{4}=\frac{7}{12}-\frac{3}{12}$

$=\frac{\cancel{4}^{1}}{\cancel{12}_{3}}=\frac{1}{3}$ $\frac{1}{3}$g

34 分数のひき算 ⑧

1 $\frac{3}{10}-\frac{2}{15}=\frac{9}{30}-\frac{4}{30}$

$=\frac{\cancel{5}^{1}}{\cancel{30}_{6}}=\frac{1}{6}$ $\frac{1}{6}$g

2 $\frac{7}{15}-\frac{1}{6}=\frac{14}{30}-\frac{5}{30}$

$=\frac{\cancel{9}^{3}}{\cancel{30}_{10}}=\frac{3}{10}$ $\frac{3}{10}$L

35 平均 ①

1 4 + 6 + 5 + 7 + 3 = 25
25 ÷ 5 = 5 5まい

2 6 + 4 + 3 + 5 + 7 = 25
25 ÷ 5 = 5 5さつ

36 平均 ②

1 8 + 0 + 4 + 2 + 6 = 20
20 ÷ 5 = 4 4個

2 57 + 60 + 59 + 56 = 232
232 ÷ 4 = 58 58g

37 平均 ③

1 14 + 18 + 16 + 20 = 68
68 ÷ 4 = 17 17kg

2 7 + 6 + 0 + 8 + 9 = 30
30 ÷ 5 = 6 6人

38 単位量あたり ①

1 340 ÷ 5 = 68 68kg

2 180 ÷ 4 = 45 45kg

㊴ 単位量あたり ②

1 270÷10＝27　27円
2 168÷３＝56　56円

㊵ 単位量あたり ③

1 320÷20＝16　16km
2 360÷30＝12　12km

㊶ 単位量あたり ④

1 1200÷４＝300　300円
2 175÷５＝35　35g

㊷ 単位量あたり ⑤

1 6440÷35＝184　184人
2 7392÷42＝176　176人

㊸ 単位量あたり ⑥

1 15×８＝120　120個
2 24×６＝144　144本

㊹ 単位量あたり ⑦

1 360×５＝1800　1800円
2 180×７＝1260　1260mL

㊺ 単位量あたり ⑧

1 35×８＝280　280まい
2 85×８＝680　680dL

㊻ 単位量あたり ⑨

1 450×28＝12600　12600円
2 10.5×74＝777　777g

㊼ 単位量あたり ⑩

1 240÷10＝24　24まい
2 320÷８＝40　40まい

㊽ 単位量あたり ⑪

1 300÷10＝30　30本
2 360÷60＝６　６本

㊾ 単位量あたり ⑫

1 150÷６＝25　25まい
2 96÷12＝８　８L

㊿ 単位量あたり ⑬

1 270÷45＝６　６分
2 450÷６＝75　75個

51 単位量あたり ⑭

1 80÷3.2＝25　25L
2 256÷1.6＝160　160 m^2

52 単位量あたり ⑮

1 816÷6.8＝120　120 m^2
2 432÷4.5＝96　96g

53 割合 ①

1 ① 10
② ４
③ ４÷10＝0.4　0.4
2 12÷30＝0.4　0.4

こたえ

54 割合 ②

1 $6 \div 10 = 0.6$ 0.6

2 $12 \div 20 = 0.6$ 0.6

55 割合 ③

1 $24 \div 20 = 1.2$ 1.2

2 $28 \div 20 = 1.4$ 1.4

56 割合 ④

1 $60 \div 25 = 2.4$ 2.4

2 $30 \div 20 = 1.5$ 1.5

57 割合 ⑤

1 $40 \div 50 = 0.8$
$0.8 \times 100 = 80$ 80%

2 $46 \div 50 = 0.92$
$0.92 \times 100 = 92$ 92%

58 割合 ⑥

1 $102 \div 120 = 0.85$
$0.85 \times 100 = 85$ 85%

2 $138 \div 120 = 1.15$
$1.15 \times 100 = 115$ 115%

59 割合 ⑦

1 $2 \div 5 = 0.4$ 4割

2 $1 \div 4 = 0.25$ 2割5分

60 割合 ⑧

1 $20 \times 0.6 = 12$ 12個

2 $50 \times 0.4 = 20$ 20まい

61 割合 ⑨

1 $60 \times 0.3 = 18$ 18まい

2 $80 \times 0.7 = 56$ 56個

62 割合 ⑩

1 $30 \times 0.8 = 24$ 24L

2 $20 \times 0.7 = 14$ 14L

63 割合 ⑪

1 $30 \times 0.7 = 21$ 21kg

2 $40 \times 1.2 = 48$ 48kg

64 割合 ⑫

1 $18 \div 0.9 = 20$ 20人

2 $32 \div 0.4 = 80$ 80人

65 割合 ⑬

1 $36 \div 1.2 = 30$ 30人

2 $32 \div 0.8 = 40$ 40人

66 割合 ⑭

1 $60 \div 1.5 = 40$ 40さつ

2 $24 \div 1.2 = 20$ 20さつ

67 割合 ⑮

1 $28 \div 1.4 = 20$ 20さつ

2 $30 \div 1.5 = 20$ 20羽

68 割合 ⑯

1 $40 \div 50 = 0.8$ 0.8

2 $60 \div 50 = 1.2$ 1.2

69 割合 ⑰

1 120×0.45＝54　54さつ
2 950×0.24＝228　228円

70 割合 ⑱

1 45÷0.6＝75　75人
2 845÷1.3＝650　650円

71 速さの問題 ①

1 60÷2＝30　時速30km
2 120÷3＝40　時速40km

72 速さの問題 ②

1 140÷2＝70　時速70km
2 240÷3＝80　時速80km

73 速さの問題 ③

1 540÷2＝270　時速270km
2 630÷3＝210　時速210km

74 速さの問題 ④

1 334÷2＝167　時速167km
2 570÷3＝190　時速190km

75 速さの問題 ⑤

1 80÷40＝2　分速2km
2 70÷50＝1.4　分速1.4km

76 速さの問題 ⑥

1 520÷8＝65　分速65m
2 240÷3＝80　分速80cm

77 速さの問題 ⑦

1 200÷40＝5　秒速5m
2 80÷5＝16　秒速16m

78 速さの問題 ⑧

1 70÷5＝14　秒速14m
2 160÷5＝32　秒速32m

79 速さの問題 ⑨

1 45×3＝135　135km
2 72×3＝216　216km

80 速さの問題 ⑩

1 85×4＝340　340km
2 115×6＝690　690km

81 速さの問題 ⑪

1 65×20＝1300　1300m
2 180×30＝5400　5400m

82 速さの問題 ⑫

1 32×8＝256　256m
2 7.5×80＝600　600km

83 速さの問題 ⑬

1 200÷50＝4　4時間
2 2700÷900＝3　3時間

84 速さの問題 ⑭

1 240÷30＝8　8時間
2 570÷190＝3　3時間

85 速さの問題 ⑮

1 780 ÷ 65 = 12　　12分

2 5100 ÷ 850 = 6　　6分

86 速さの問題 ⑯

1 2600 ÷ 65 = 40　　40秒

2 4050 ÷ 54 = 75　　75秒